극단 모형을
이용한
기후변화
통계론

극단 모형을 이용한
기후변화 통계론

STATISTICAL MODELS FOR EXTREMES IN A CHANGING CLIMATE

박정수 저

전남대학교출판문화원

머리말

날씨가 점점 거칠어지고 있다. 폭염이나 집중호우 같은 극한적인 기상 현상이 늘어나고 있다. 그에 따른 피해도 매년 증가하는 추세이다. 기후변화는 단순한 변화의 단계를 넘어서서 이제 지구의 기후 위기의 수준이라고 한다. 이렇게 변화하는 극한적인 기상과 기후에 대해 우리는 과학적인 사고에 기반하여 대비해야 한다. 그를 위해 미래에는 얼마만큼의 극한 기상이 닥칠 것인가를 통계학적으로 미리 예측하는 작업이 필요하다. 특히 미래의 극단적인 기후 변화 또는 기후 위기에 대한 연구가 중요하다. 이 책에서는 그러한 논의를 일반화 극단 모형과 기계학습을 포함한 최근의 통계학적인 방법을 동원하여 진행하였다.

이런 연구를 위해 필요한 자료로는 관측치가 가장 중요하겠다. 기상청이나 기후연구소 및 세계기상기구 등에서 제공하는 지표면 관측치 뿐만 아니라 위성 정보 등을 고려하여 격자점으로 만든 재분석 자료도 사용된다. 또한 컴퓨터 시뮬레이션을 이용하여 미래 시나리오에 바탕한 예측 자료도 과학적 탐구에 필수이다. 그러나 시나리오별 미래 자료는 일정한 한계를 가지므로 이에 대해 편의보정을 하여 사용하는데, 이때 이른바 역사적 자료(historical data)가 필요하게 된다. 이렇게 다양한 자료들과 편의보정 기법 등을 통합하여 각 시뮬레이션 모델의 신뢰도 등을 측정하고 향후 앙상블 모형을 구축하는 데 사용한다. 이러한 일련의 과정 속에 대부분 일반화 극단분포라는 통계적 모형이 적용된다.

본 서적은 이러한 일련의 통계적 방법론을 활용하여 미래 극한 기후에 대한 예측을 주목적으로 하여 쓰여졌다. 저자의 과거 20여 년간의 연구 결과물을 종합한 책이다. 이 책은 주로 한반도와 동아시아를 대상으로 이뤄진 연구에 바탕하고 있다. 지구온난화의 영향으로 지역별로 기후가 다르게 변화함에 따라 우리에겐 한반도와 동아시아의 특성을 고려한 기후변화 예측과 대비가 중요하기 때문이다.

통계학의 기초적인 지식은 이 책에서 최소한으로 다뤘다. 이 책에서 다루지 않은 기초 통계학은 류상범, 박정수의 『기상통계론』을 참조하기 바란다. 제1장과 2장에서 분포와 추정에 대해 언급하였다. 아울러 통계적 추론과 방법론에 대해서도 기술하였다. 제3장에서는 기후 변화를 탐지하기 위해 시간을 변수로 놓은 비정상 극단모형을 이용하여 최대 강수량의 변화를 파악하였다. 제4장에서는 지리 정보를 활용하여 공간적 종속성을 고려하는 극단모형을 이용하여 한반도 최고기온에 대해 연구하였다. 여기까지는 과거 관측 자료를 분석하였는데, 제5장부터는 미래 시나리오에 기반한 시뮬레이션 자료를 동시에 다룬다. 여러 개의 기후 시뮬레이션 모델의 결과를 가중 평균하는 이른바 앙상블 모형을 구축하는 방법에 대해, 특히 베이지안 모형평균 방법을 기술하였다.

제6장에서는 시뮬레이션 모델이 가지는 한계인 편차 (또는 편의)를 극복하기 위해, 역사적 자료와 관측치를 비교하여 편의 보정 함수를 구한 뒤 이를 미래 자료에 적용하는 방법에 대해 연구한다. 시뮬레이션 모델의 편의를 더 유연하게 극복하면서 앙상블 모형 구축이 용이하도록 하는 일반화된 편의 보정 방법을 제시하였다.

전체적으로는 보면 이 책은 통계적 방법을 극한 대기 자료에 효과적으로 적용한 연구 사례의 모음이다. 이 도서가 국내 통계학자나 대기과학자의 향후 연구에 조금이라도 도움이 된다면 보람이 되겠다.

본 책의 연구 내용과 결과를 이끌어내는 데 큰 도움을 준 윤상후 교수, 서윤암 교수, 이영생 박사, 신용관 박사와 신이레 박사, 그리고 전남대 통계학과의 백자영, 장준, 허진, 환타 타나완, 그리고 홍주영 대학원 졸업생에게 아낌없는 고마움을 표한다. 통계적 추론과 방법론 내용은 박혜빈 대학원생 덕분에 쓰여졌다. 또한 기상·기후에 대한 중요한 지식을 알려주고 연구를 안내해준 대기과학과 교수님들과 기상청 및 기상과학원 관계자 여러분에게도 감사드린다. 그분들과 제자들 덕분에 이런 연구와 집필이 가능했고 나에게 그 과정이 행복했다. 끝으로 뒤늦은 원고를 잘 기다려주고 정성껏 출판해준 전남대학교출판문화원 여러분에게 감사드린다.

2023년 2월

저자 박정수

차 례

제3장 비정상 극단 모형 _ 89

제4장 공간적 극단 모형과 그 적용 _ 117

제5장 기후 시뮬레이션 모델의 편의보정 _ 149

CHAPTER 1

통계적 추론의 기초 이론과 방법

제1장
통계적 추론의 기초 이론과 방법

1.1 점추정 방법

통계적 모형에는 대부분 매개변수 또는 모수(parameter)를 포함하고 있으며 이 모르는 모수는 보통 자료로부터 추정된다. 여기서는 먼저 추정 방법에 대해 다루겠다. 추정법으로는 크게 어떤 하나의 값으로 구하는 점추정법과 어떤 구간으로 구하는 구간추정이 있다. 먼저 점추정 방법부터 알아본다. 이 장에서 다루는 내용은 류상범과 박정수(2012) 및 Coles(2001)에서 일부분을 가져왔거나 재수록했음을 밝힌다.

점추정값을 구하는 방법은 "적률법(moment mehod)", "최대 우도 추정법(maximum likelihood method)", "최소 제곱 추정법(least square method)"과 "L-적률 추정법" 등이 있다. 여기서는 극한 모형의 추정에 자주 사용하는 L-적률법과 최대 우도 추정법에 대해서 설명한다.

최대 우도 추정법은 모집단의 분포가 미지의 모수 θ를 갖는 임의의 확률밀도함수 $f(x;\theta)$에 의해 정해지고, 이 함수의 형태를 알고 있는 것으로 가정하여 (일반적으로 도수 분포 형태를 육안으로 확인하여 이미 알려진 확률 밀도 함수 가운데 하나를 선택한다) 모수를 추정하는 방법이다.

1.1.1 최우추정법

확률변수 X에서 추출한 확률 표본 $X_1, X_2, \cdots, X_n$이 관측값 $x_1, x_2, \cdots, x_n$을 가진다고 가정하자. 이산 확률 변수의 경우, 표본의 "우도(likelihood)" L은 주변 확률들의 곱이다.

$$L(\theta) = p(x_1;\theta)p(x_2;\theta)\cdots p(x_n;\theta) \tag{1.1}$$

여기서 $p(x_i;\theta) = \Pr\{X = x_i\}$이다. 연속 확률 변수의 경우, 표본의 우도는 주변 밀도 함수들의 곱이다.

$$L(\theta) = f(x_1;\theta)f(x_2;\theta)\cdots f(x_n;\theta) \tag{1.2}$$

어떤 경우이든지 모수 θ의 최대 우도 추정값(MLE)을 찾기 위해서는 우도 L를 최대로 해야 한다. 우도 L은 모수 θ만의 함수이므로 이 함수 $L(\theta)$를 "우도 함수(likelihood function)"라고도 한다. 즉, 최대 우도 추정법은 우도 함수 $L(\theta)$의 값을 최대로 하는 통계량$\hat{\theta}$를 모수θ의 추정량으로 결정하는 방법이다. 그리고 우도 함수 $L(\theta)$의 최대값을 구할 때는 우도 함수 그대로 취급하는 것보다는 로그 형태로 전환하면 계산이 쉽다. 로그 함수는 단조 증가 함수이므로 $L(\theta)$와 로그 함수 $\ln L(\theta)$는 동일한 θ값에서 최대값을 취하므로, 문제에 따라서 계산에 편리한 방법을 이용한다.

예를 들어, 다음 확률 밀도 함수를 갖는 와이블 분포의 모수 α와 β의 최대 우도 추정량을 구해보자.

$$f(x) = \left(\frac{\alpha}{\beta}\right)\left(\frac{x}{\beta}\right)^{\alpha-1}\exp\left[-\left(\frac{x}{\beta}\right)^{\alpha}\right], \qquad x,\ \alpha,\ \beta > 0$$

먼저 $\theta = \beta^{\alpha}$라 두면, 위 식은 아래와 같이 변형된다.

$$f(x) = \frac{\alpha}{\theta}x^{\alpha-1}e^{-x^{\alpha}/\theta} \tag{1.3}$$

따라서 와이블 분포의 우도 함수는

$$\begin{aligned} L(\alpha,\theta) &= f(x_1)f(x_2)\cdots f(x_n) \\ &= \frac{\alpha}{\theta}x_1^{\alpha-1}e^{-x_1^{\alpha}/\theta}\ \cdots\ \frac{\alpha}{\theta}x_n^{\alpha-1}e^{-x_n^{\alpha}/\theta} \\ &= \left(\frac{\alpha}{\theta}\right)^n (x_1\cdot x_2\cdots x_n)^{\alpha-1}e^{-\sum_{i=1}^{n}x_i^{\alpha}/\theta} \end{aligned} \tag{1.4}$$

계산을 편리하게 하기 위해, 우도 함수 $L(\alpha,\theta)$를 로그 변환하면

$$\ln L(\alpha,\theta) = n\ln\alpha - n\ln\theta + (\alpha-1)(\ln x_1 + \ln x_2 + \cdots + \ln x_n) - \frac{1}{\theta}\sum_{i=1}^{n} x_i^{\alpha}$$

이다. 다시 $\beta^{\alpha} = \theta$ 로 치환하여 위의 로그 변환한 우도 함수를 정리하면 다음과 같다.

$$\ln L(\alpha,\beta) = n\ln\alpha - n\alpha\ln\beta + (\alpha-1)(\ln x_1 + \ln x_2 + \cdots + \ln x_n) - \frac{1}{\beta^{\alpha}}\sum_{i=1}^{n} x_i^{\alpha} \quad (1.5)$$

따라서 $\ln L(\alpha,\beta)$ 를 최대로 하는 α,β 를 찾으면, 그 값들이 주어진 관측값들에 대한 최적의 와이블 분포의 모수 추정값들이 된다. 와이블 분포와 같이, 2개 이상의 모수를 갖고 그들을 동시에 추정해야 할 경우에는 아래의 연립 방정식을 풀어서 구할 수 있다.

$$\frac{\partial}{\partial\alpha} lnL(\alpha,\beta) = 0.$$

$$\frac{\partial}{\partial\beta} lnL(\alpha,\beta) = 0$$

연립방정시의 해가 수학적으로 명확히 풀리지 않는 경우에는 수치적 최적화 기법을 적용하여 구한다. R 소프트웨어의 “ismev” 패키지에서는 “optim” 함수를 이용하여 MLE를 찾아낸다.

1.1.2 L-적률추정법

L-적률은 자료 및 확률분포의 형태를 특징짓는 값이거나 통계량이다. 이 L-적률에 대해 간략하게 기술하겠다. 주어진 확률변수와 분포에 대해 r차 적률은 $E(X^r)$로 정의한다. 이 적률을 일반화한 것이 확률가중적률(probability weghted moment: PWM)인데, 그 식은 다음과 같다[허준행(2016)].

$$M_{p,r,s} = E[X^p F^r(x)\{1-F(x)\}^s]$$

L-적률은 PWM의 특별한 조합으로 얻어지는데, 다음 식을 이용한다.

$$M_{1,r,0} = E[XF^r(x)] \equiv \alpha_r$$

$$M_{1,0,s} = E[X\{1-F(x)\}^s] \equiv \beta_r$$

r차 L-적률을 $\lambda_r\ (r=1,2,\dots)$이라고 표기하면 이를 다음과 같이 순서통계량의 선형조합(linear combination)으로 정의되며 α_i와 β_j를 이용하여 구해진다[Wikipedia, L-moment].

$$\begin{aligned}\lambda_1 &= E(X_{1:1}) \\ &= \alpha_0 = \beta_0\end{aligned}$$

$$\begin{aligned}\lambda_2 &= E(X_{2:2} - X_{1:2})/2 \\ &= 2\alpha_1 - \alpha_0 = \beta_0 - 2\beta_1\end{aligned}$$

$$\lambda_3 = E(X_{3:3} - 2X_{2:3} + X_{1:3})/3$$
$$= 6\alpha_2 - 6\alpha_1 + \alpha_0 = \beta_0 - 6\beta_1 + 6\beta_2$$

$$\lambda_4 = E(X_{4:4} - 3X_{3:4} + 3X_{2:4} - X_{1:4})/4$$
$$= 20\alpha_3 - 30\alpha_2 + 12\alpha_1 - \alpha_0 = \beta_0 - 12\beta_1 + 30\beta_2 - 20\beta_3$$

여기서 $X_{1:n} \le X_{2:n} \le \dots \le X_{n:n}$은 X의 분포로 나온 크기 n의 확률표본의 순서 통계량이고 $E(X_{j:r})$은 r개의 확률변수 중 j번째 확률변수의 기댓값이다.

$$\lambda_r \equiv r^{-1}\sum_{k=0}^{r-1}(-1)^k\binom{r-1}{k}E(X_{r-k:r}),\ r = 1,2,\dots$$

λ_1은 L-mean 혹은 L-location이라고 부르며 $E(X)$인 평균과 같다. λ_2는 L-scale이라고 부르며 자료들이 얼마나 촘촘하게 있는지 알 수 있다. 표준편차인 σ에 대응되는 값이다. λ_3는 비대칭 정도를 알 수 있다. λ_4는 첨도와 관련이 있다. 이 식들을 이용하여 모집단의 L-적률비를 구하면 다음과 같다.

$$\tau_2 = \lambda_2 / \lambda_1$$

$$\tau_3 = \lambda_3 / \lambda_2$$

$$\tau_4 = \lambda_4 / \lambda_2$$

$$\tau_r = \lambda_r / \lambda_2\ ,\quad r = 3, 4, \dots$$

이때 τ_2은 L-CV(변동계수), τ_3은 L-skewness(왜도), τ_4은 L-kurtosis (첨도)라고 부른다. 모집단의 분포에 따라 이러한 값이 달라진다. 위의 모집단 L-적률을 표본으로부터 추정하여 사용한다. 다음과 같은 공식으로 구한다.

$$l_1 = n^{-1}\sum_i x_i$$

$$l_2 = \frac{1}{2}\binom{n}{2}^{-1}\sum_{i>j}\sum(x_{i:n} - x_{j:n})$$

$$l_3 = \frac{1}{3}\binom{n}{3}^{-1}\sum_{i>j>k}\sum\sum(x_{i:n} - 2x_{j:n} + x_{k:n})$$

$$l_4 = \frac{1}{4}\binom{n}{4}^{-1}\sum_{i>j>k>l}\sum\sum(x_{i:n} - 3x_{j:n} + 3x_{k:n} - x_{l:n})$$

이들 표본 L-적률로부터 τ_2, τ_3, τ_4를 다음과 같이 추정한다.

$$t_2 = l_2 / l_1$$

$$t_3 = l_3 / l_2$$

$$t_4 = l_4 / l_2$$

이들(t_2, t_3, t_4)이 표본 L-적률비가 된다.

이제 모집단의 모수를 추정하기 위하여 모집단의 L-적률과 표본의 L-적률을 다음과 같이 같게 놓고 연립방정식을 풀어서 해를 구한다. 즉, 예를 들어 4개의 모수로 이뤄진 $\underline{\theta}$인 경우,

$$\lambda_1(\underline{\theta}) = l_1$$

$$\lambda_2(\underline{\theta}) = l_2$$

$$\tau_3(\underline{\theta}) = t_3$$

$$\tau_3(\underline{\theta}) = t_3$$

를 만족하는 해를 $\underline{\theta}$의 L-적률 추정량(L-moment estimator)이라고 한다. 일반화 극단값 분포(GEVD)에는 모수가 3개이므로 λ_1, λ_2, τ_3만 사용하여 해를 구한다. 일반적으로 위의 연립방정식의 수학적인 해를 구하기 어려우므로 뉴턴방법과 같은 반복적인 수치해를 얻게 된다. R소프트웨어에서 "multiroot"나 "nleqslv"같은 패키지를 사용할 수 있다. GEV 분포에 대해서는 광범위한 계산과 시뮬레이션을 통하여 $\hat{\theta}_{LME}$를 구하는 확정적인 수식을 얻어냈다[Hosking and Wallice(1997)]. 이런 확정적인 수식을 사용하면 반복적인 수치해가 갖는 불확실성이 줄어들고 붓스트랩 같은 추가적인 추론에서 계산 속도를 상당히 향상시킨다.

적률추정법은 모집단의 적률과 표본자료 적률을 같게 하여 모수를 추정하는 방법인 MME(Method of Moments Estimation)의 단점을 개선시킨 방법으로, 매우 치우친 분포함수의 경우 불안전한 추정치를 얻게되는 것과, 고차 모멘트로 갈수록 부정확해지는 것을 개선 시켰다. 그러므로 L-적률 방법은 기존 방법보다 추정량이 덜 편의(Bias) 되어있고 자료의 이상치에 덜 민감한 간단한 계산 방법이다. 그러나 다변량 데이터나 i.i.d.(서로 독립이고 같은 분포)가 아닌 비정상(non-stationary)인 경우에는 사용이 어렵다.

<Example>에는 R프로그램을 이용한 간단한 L−moment 방법을 소개한다.

사용되는 데이터는 광주의 연간 최대 일일 강수량이다. 년 최대일일강수량(AMP1)이 사용된 연도는 1939년부터 2021년까지로 63개의 관측치이다.

Example

```
############## R code ##################
library(ismev)
library(lmomRFA)
```

```
#MLE method
fit <- gev.fit(Amp1$amp1, show=F) #데이터를 gev에 적합
parameter_m <- fit$mle #MLE 방법으로 GEV 분포의 모수 추정
parameter_m

#L-moment method
lmr<-regsamlmu(Amp1$amp1, nmom=4, sort.data=TRUE, lcv=
TRUE)
#L-적률 계산
parameter_l<-t(apply(cbind(lmr$l_1,lmr$l_1*lmr$t,lmr$t_3),1,pelgev))
#구한 L-적률을 이용하여 GEV 분포의 모수 추정
parameter_l

#--------------------------------------------
library(lmomco)

xdat=Amp1$amp1
lmgev=lmoms(xdat) # for lmoments computation
lme.gev=pargev(lmgev) # for lme
T=c(5,10,20,50,100)
rl_T=quagev(1-(1/T), lme.gev$para) # for T-year return levels

####################################
```

>결과

```
> parameter_m  (MLE)
[1] 100.32273231 42.18847318 0.01174946

> parameter_l  (LME)
    xi  alpha      k
[1,] 98.11862 37.02649 -0.1300289
```

"ismev" 패키지로 최대우도법(MLE)으로 구한 GEV 분포의 모수 추정값은 (100.32, 42.19, 0.012)이다. "lmomRFA" 패키지로 구한 L-moment 방법으로 구한 GEV 분포의 매개변수 추정값은 (98.12, 37.03, -0.13)이다. GEV 분포의 모수 (μ, σ, ξ)는 "lmomRFA" 패키지에서는 (ξ, α, k)로 표시되며, k는 $-\xi$와 같으므로 부호를 유의해야 한다. 이러한 두 가지 방법으로 GEV 분포의 모수를 추정해 보았다. L-적률 관련 계산은 "lmomco"나 "lmoms" 또는 "Lmoments" 패키지로도 가능하다. 다만 패키지마다 사용하는 기호나 부호가 다르므로 유의해야 한다.

1.2 구간 추정

앞에서는 모수가 특정한 하나의 값으로 추정되는 점추정에 대하여 설명했다. 그러나 점추정값들은 일정한 표본 오차를 수반하므로 모집단의 모수와 정확하게 일치한다고 기대할 수 없다. 그러므로 점추정의 경우에는 추정값에 일정한 확률을 갖고서 기대되는 오차의 범위를 고려해야 한다. 따라서 모수가 일정한 확률을 갖고 그 속에 포함되리라고 기대하는 어떤 구간을 결정하는 것이 바람직하다. 여기의 내용도 류상범, 박정수(2012)의 일부 내용을 재수록했다.

이와 같이 일정한 확률하에 모수가 포함될 구간을 추정하는 것을 "구간 추정(interval estimation)"이라고 한다. 모수의 점추정량 $\hat{\theta}$가 어떤 알려진 표본 분포(예를 들어 z분포, t분포, X^2분포 등)를 가진다면 다음과 같은 모수θ의 $100 \cdot (1-\alpha)\%$의 신뢰 구간를 구할 수 있다.

$$\Pr\left\{g_1(\hat{\theta}) \leqq \theta \leqq g_2(\hat{\theta})\right\} = 1-\alpha \tag{1.6}$$

여기서 $g(\hat{\theta})$는 점추정량 $\hat{\theta}$의 표본 분포의 누적 밀도(분포) 함수값이다. 그리고 $g_1(\hat{\theta})$를 하한 신뢰 한계, $g_2(\hat{\theta})$를 상한 신뢰 한계라고 한다. 그리고 구간$[g_1(\hat{\theta}), g_2(\hat{\theta})]$에 모수$\theta$가 포함될 확률 $1-\alpha$를 "신뢰 계수(confidence coefficient)" 혹은 "신뢰 수준(confidence level)"이라고 하며, 모수θ가 구간$[g_1(\hat{\theta}), g_2(\hat{\theta})]$에 포함되리라는 것을 $100 \cdot (1-\alpha)\%$의 확신을 갖고 신뢰할 수 있는 수준을 나타낸다. 이러한 신뢰수준 $1-\alpha$는 0.90,

0.95 그리고 0.99 등이 흔히 사용된다.

여기서는 단일 모집단의 평균에 대한 구간 추정을 예로 들어 구간 추정의 방법을 설명한다. 다른 두 모집단의 평균차에 대한 구간 추정이라든지 단일 모집단의 비율의 구간 추정 역시 단일 모집단의 평균에 대한 구간 추정과 유사한 방법으로 수행할 수 있다. 단지 앞 장의 가설 검정에서 이미 살펴보았듯이 각 모수에 대한 검정 통계량의 분포가 각각 달랐다. 따라서 구간 추정 역시 가설 검정에서 사용한 각각 다른 검정 통계량의 분포를 이용하여 수행한다.

모집단의 분산을 모르는 경우의 모집단 평균 μ의 구간 추정은 표본 크기에 따라 달라진다. 먼저 표본의 크기가 $n \geqq 30$이면 표본 분포로써 표준정규분포를 이용하여 구간 추정을 실시한다. 여기서 분산은 표본 분산 s^2를 사용한다. 표준정규분포를 이용하기 위해 모수μ를 표준화하면

$$Z = \frac{\bar{x} - \mu}{s/\sqrt{n}}$$

이다. 따라서 Z가 $-z_{\alpha/2}$와 $z_{\alpha/2}$사이에 있을 확률은

$$\Pr\{-z_{\alpha/2} \leqq Z \leqq z_{\alpha/2}\} = 1-\alpha$$

이다. 여기서 $Z = (\bar{x} - \mu)/(s/\sqrt{n})$를 대입하여 μ에 대해 정리하면

$$\Pr\left\{\bar{x} - z_{\alpha/2} \cdot \frac{s}{\sqrt{n}} \leqq \mu \leqq \bar{x} + z_{\alpha/2} \cdot \frac{s}{\sqrt{n}}\right\} = 1-\alpha \qquad (1.7)$$

가 된다. 이것은 구간

$$[\bar{x} - z_{\alpha/2} \cdot \frac{s}{\sqrt{n}}\ ,\ \bar{x} + z_{\alpha/2} \cdot \frac{s}{\sqrt{n}}] \tag{1.8}$$

에 모평균 μ가 있을 확률이 $1-\alpha$라는 것이다. 따라서 모평균 μ의 $100 \cdot (1-\alpha)\%$ 신뢰 구간은

$$\bar{x} - z_{\alpha/2} \cdot \frac{s}{\sqrt{n}} \leqq \mu \leqq \bar{x} + z_{\alpha/2} \cdot \frac{s}{\sqrt{n}} \tag{1.9}$$

로 정해진다.

하나의 모집단에서 표본 크기가 n인 표본을 계속하여 추출하면 그 때마다 $\bar{x}$의 값이 달라지고, 이에 따라 구간 (1.8) 역시 달라진다(그림 1.1).

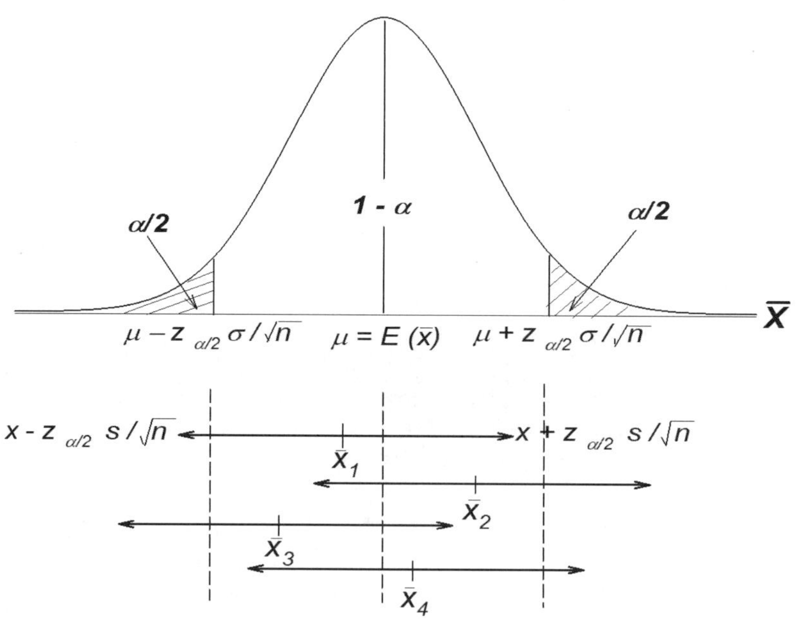

그림 1.1. μ에 대한 구간 추정의 의미.

따라서 식 (1.9)는 구간 (1.8) 안에 모집단의 평균 μ가 포함될 확률이 $100 \cdot (1-\alpha)\%$라는 것을 의미한다. 즉 여러 가지 표본 평균 $\bar{x}$에 따라 만들어질 구간 중에서 $100 \cdot (1-\alpha)\%$는 모평균 μ를 포함하고 나머지 $100 \cdot \alpha\%$는 포함하지 않는다는 것을 나타낸다.

이와 달리 표본의 크기가 $n < 30$인 경우에는 $\bar{x}$는 자유도 $v = n-1$인 t분포를 이룬다. 따라서 $\bar{x}$를 표준화하면

$$t = \frac{\bar{x} - \mu}{s/\sqrt{n}}$$

이다. t가 $-t_{\alpha/2}$와 $t_{\alpha/2}$ 사이에 포함될 확률

$$\Pr\{-t_{\alpha/2} \leqq t \leqq t_{\alpha/2}\} = 1-\alpha$$

이다. 여기서 $t = (\bar{x} - \mu)/(s/\sqrt{n})$를 대입하고 μ에 대해 정리하면

$$\Pr\left\{\bar{x} - t_{\alpha/2} \cdot \frac{s}{\sqrt{n}} \leqq \mu \leqq \bar{x} + t_{\alpha/2} \cdot \frac{s}{\sqrt{n}}\right\} = 1-\alpha \quad (1.10)$$

이다. 따라서 모집단의 평균 μ의 $100 \cdot (1-\alpha)\%$ 신뢰 구간은

$$\bar{x} - t_{\alpha/2} \cdot \frac{s}{\sqrt{n}} \leqq \mu \leqq \bar{x} + t_{\alpha/2} \cdot \frac{s}{\sqrt{n}} \quad (1.11)$$

로 정해진다.

지금까지 설명한 내용은 모평균 μ의 신뢰구간을 표본평균 $\overline{X}$를 이용하여 구한 것이다. 이 내용은 신뢰구간의 개념을 이해하고 적용하는 데에 도움이 되는 기본사항이지만 일반적인 분포(예를 들어 GEVD)의 모수에 대한 신뢰구간 추정에 곧바로 적용되지는 않는다. 특히 모수 θ의 추정량인 $\hat{\theta}$의 표준오차(standard error; SE)는 위에서처럼 $\frac{s}{\sqrt{n}}$으로 곧바로 구해지 않기 때문이다. 따라서 일반적인 상황에서 $\hat{\theta}$의 표준오차를 구하기 위해서는, 다음에 기술하는 붓스트랩을 종종 사용하게 된다. 붓스트랩 방법은 표준오차의 계산뿐만 아니라 신뢰구간이나 가설 검정에서도 유용하게 사용된다. 또한 본 책에서는 직접 다루지는 않았지만 프로파일(profile) 우도함수를 이용한 신뢰구간 추정이 더 정확하다고 알려져 있다.

1.3 붓스트랩을 이용한 통계적 방법

붓스트랩(bootstrap)은 통계분석에서 매우 자주 사용되는 일종의 난수 생성을 이용한 방법이다. 기본적으로 컴퓨터를 이용한 추정 방법으로, 표본자료에 대한 이론적인 분포 가정이나 어떤 모형 가정이 필요하지 않다. 이는 현재 표본 내에서 관측치들을 복원추출하여 형성한 새로운 표본들로부터 검정 또는 추정 통계량의 분포를 구한다. 이러한 테크닉을 통해 모수의 신뢰구간이나 추정량의 표준편차를 구할 수 있는 매우 유용한 방법이다[류상범과 박정수(2012)]. 또한, 대표본일 때뿐만 아니라 소표본일 때에 적용이 가능하단 점에서 유용하다.

다음에서는 붓스트랩 방법을 구체적으로 설명한다. 먼저 θ를 우리가 추정하려고 하는 모수라고 표기하고 $\hat{\theta}$는 어떠한 방식으로 구한 추정치라고 하자.

1) 관찰된 표본 $x = (x_1, x_2, ..., x_n)$로부터 n개의 관측치를 복원추출하여 $\underline{x}^{(1)} = (x_1^{(1)}, x_2^{(1)}, ..., x_n^{(1)})$을 얻는다. (여기서 복원추출이란 점이 매우 중요하다.)

2) 새롭게 얻은 표본 $\underline{x}^{(1)} = (x_1^{(1)}, x_2^{(1)}, ..., x_n^{(1)})$로부터 θ를 추정한다. 이를 $\hat{\theta}^{(1)}$라고 쓰자.

3) 이러한 추출을 B번 반복하여 $\underline{x}^{(1)}, \underline{x}^{(2)}, \underline{x}^{(3)} ..., \underline{x}^{(B)}$를 구하고 이들로부터 $\hat{\theta}^{(1)}, \hat{\theta}^{(2)}, \hat{\theta}^{(3)}, ..., \hat{\theta}^{(B)}$를 구한다. (B는 보통 최소 200회로 결정한다.)

4) 이렇게 구한 $\hat{\theta}^{(1)}, \hat{\theta}^{(2)}, \hat{\theta}^{(3)}, ..., \hat{\theta}^{(B)}$를 이용해 추정치의 분포를 구한다. 예를 들어 $\hat{\theta}^{(1)}, \hat{\theta}^{(2)}, \hat{\theta}^{(3)}, ..., \hat{\theta}^{(B)}$의 평균을 $\bar{\hat{\theta}} = \frac{1}{B}\sum_{j=1}^{B}\hat{\theta}^{(j)}$로 구한다. 이를 비모수적(nonparametric) 붓스트랩 방법이라고 부른다.

$x = (x_1, x_2, ..., x_n)$로부터 구한 추정량 $\hat{\theta}$와 붓스트랩 추정량 $\bar{\hat{\theta}}$의 차이

인 $\hat{\theta}-\bar{\hat{\theta}}$을 붓스트랩 편차(bias)라고 하며 이 값이 크면 $\hat{\theta}$에 대한 신뢰도가 떨어진다. $\hat{\theta}$의 표준오차는 $\sqrt{\frac{1}{B-1}\sum_{j=1}^{B}(\hat{\theta}^{(j)}-\hat{\theta})^2}$ 로 근사시킬 수 있다. 이때, $\hat{\theta}$을 사용하는 대신 $\bar{\hat{\theta}}$을 사용하기도 한다.

<Example>에 사용되는 데이터 x는 완도의 연도별 일일 최대 강수량이며 기간은 1971년부터 2019년까지다. 자료를 붓스트랩으로 재추출하여 50년 귀환수준 히스토그램을 그려보겠다.

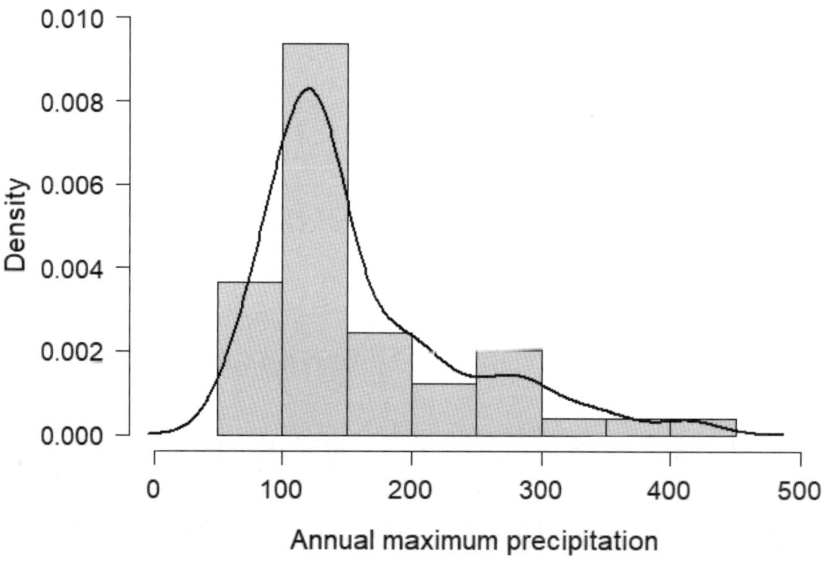

그림 1.2. 완도의 연도별 일일 최대 강수량(1971년~2019년)의 히스토그램.

Example

```
############## R code ##################
library(ismev)

# TRUE VALUE
fit <- gev.fit(x, show=F)
parameter <- fit$mle
RTLV50 <- qgev(1-1/50, loc=parameter[1], scale=parameter[2], 
shape=parameter[3])

# non-parametric bootstrap
RTLV50_sample <- NULL
B=1000
for (i in 1:B) {
 sample <- sample(x, replace=TRUE)
 sample_fit <- gev.fit(sample, show=F)
 parameter_sample <- sample_fit$mle
 RTLV50_sample[i] <- qgev(1-1/50, loc=parameter_sample[1], 
scale=parameter_sample[2], shape=parameter_sample[3])
}
```

```
# histogram
hist(RTLV50_sample,labels=seq(0,1000,50),main="",
  xlab="",ylab="",probability=T,breaks=10,col="#D1DAE3",

xlim=c(150,1000),ylim=c(0,0.006),las=1,cex.axis=1.2,cex.lab=1.2)
lines(density(RTLV50_sample),lwd=2)
mtext(side=2,text="Density",cex=1.3,line=4)
mtext(side=1,text="50 years Return level",cex=1.3,line=3)
abline(v=RTLV50,col="red",lwd=2)

#######################################
```

>결과

완도의 연도별 일일 최대 강수량의 50년 리턴레벨은 구하기 위해서는 GEV 분포에 적합시켜야 한다. 이를 위하여 "ismev" 패키지를 사용한다. #TRUE VALUE는 "ismev" 패키지의 gev.fit 함수를 사용하여 구한 모수로 히스토그램에 표시되어있는 데이터의 참 리턴레벨 값을 구하는 코드다.

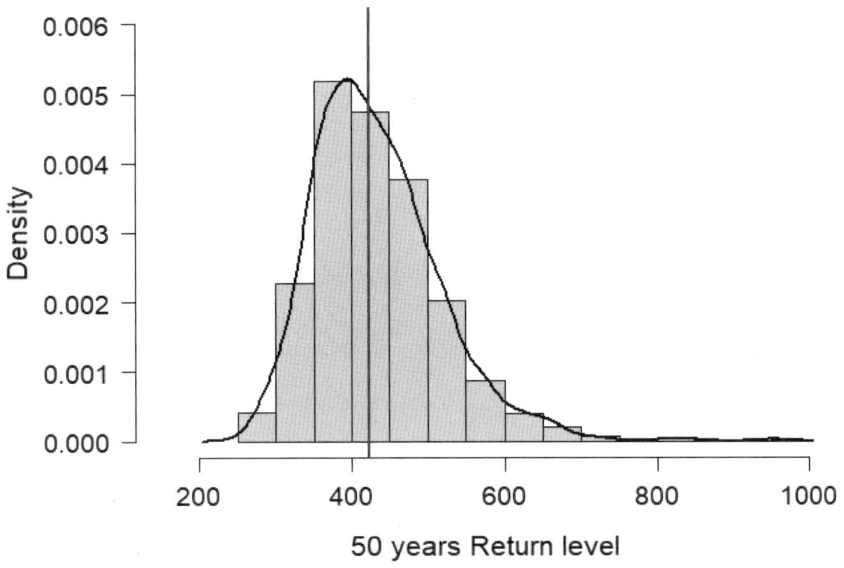

그림 1.3. 완도의 연도별 일일 최대 강수량(1971년~2019년)을 붓스트랩으로 샘플링 하여 생성한 50년 리턴레벨 히스토그램. 빨간선은 원자료로부터 추정한 50년 귀환수준이다.

non-parametric bootstrap에서는 데이터 크기만큼 데이터를 복원추출한 각각의 샘플에서 위에서 실행한 방법과 같이 50년 귀환수준을 구하고 저장한다. 여기서 sample() 함수를 이용하여 replace=T라는 명령 옵션으로 복원추출이 가능하다. 이 과정은 1000번 반복되었다. 그렇게 구해진 50년 귀환수준의 1000개의 값들로 히스토그램을 그렸다.

위의 붓스트랩은 분포에 대한 가정 없이 오로지 데이터가 서로 독립이고 같은 분포를 갖는다고만 가정하였다. 그래서 비모수적(nonparametric) 붓스트랩이라고 부른다. 그러나 시계열 데이터, 공간 데이터, 혹은 non-i,i,d일 경우에는 곧바로 적용하기 어려워진다. 물론 적절한 기술이 개발되어 있지만 이러한 경우, 모수적(parametric) 붓스트랩을 사용할 수 있다.

모수적 붓스트랩은 먼저 데이터의 분포를 가정하여 $\hat{\theta}$을 추정한다. $\hat{\theta}$을 이용하여 가정한 해당 분포에서 n개의 난수 생성을 한 것을 한 세트로 하여 B개의 붓스트랩 표본을 형성한다. 이를 이용하여 붓스트랩 분포를 만들고 신뢰구간이나 추정량의 표준편차를 구할 수 있다. 모수적 붓스트랩은 분포를 가정하고 난수를 발생시킨다는 점에서 몬테카를로(Monte-Carlo) 방법과 유사하다. 자료로부터 $\hat{\theta}$를 구한 뒤에는 가정된 분포와 $\hat{\theta}$만 사용하고 자료는 거의 다시 사용하지 않기 때문이다.

1.4 적합도 검정

1.4.1 Kolmogorov-Smirnov test

자료가 어떤 특정한 분포를 잘 따르는지를 알아보는 척도를 적합도(goodness of fit)라고 한다. 이런 적합도 지수 중 하나가 콜모고로프-스미르노프 통계량이다. 이 통계량에 바탕한 적합도 검정을 Kolmogorov-Smirnov 검정(K-S test)이라고 한다. 이는 비모수적 검정(non-paramatric test)인데, 크게 두 가지 검정으로 나누어진다. 첫 번째 검정은 하나의 모집단이 어떤 특정한 분포를 따르는지 확인하기 위한 일표본 검정(one sample K-S test)이고, 두 번째 검정은 두 모집단이 서로 동일한 분포를 가지는지 확인하기 위한 이표본 검정(two sample K-S test)다.

먼저, 일표본 검정은 관측된 분포와 가정된 분포의 유사성을 경험(empirical)과 이론(model) 누적분포함수를 비교함으로써 측정할 수 있다. 이표본 검정은 두 집단의 분포 유사성을 두 집단의 누적분포함수를 비교함으로써 측정할 수 있다[옥명훈, 백준걸(2018)].

(1) 일표본 K-S 검정 (one sample K-S test)

크기가 n인 확률표본 $x_1, x_2, \ldots, x_n$의 순서 관측값들을 $y_1 < y_2 < \cdots < y_n$이라고 하자. 동일한 관측치들이 하나도 없을 때 경험분포함수는 다음과 같이 정의된다.

$$F_n(x) = \begin{cases} 0, & x < y_1, \\ k/n, & y_k \le x < y_{k+1}, \qquad k = 1, 2, \ldots, n-1, \\ 1, & y_n \le x, \end{cases}$$

동일한 관측값(tie)에 대해서는 무시할 정도의 작은 값을 가감하여 위의 정의가 가능하게 한다. n이 매우 큰 수인 경우 $F_n(x)$는 이론분포함수 $F(x)$에 가까워진다. 이전 수렴성을 이용하여 $F_n(x)$와 $F_0(x)$로 각각 표기되는 관측된 분포와 가정된 분포의 적합도에 기초해서 적합성 검정을 구성한다. 여기서 F_0는 우리가 가정하는 분포를 표기한다.

귀무가설과 대립가설은 다음과 같다.

$$H_0 : F(x) = F_0(x),$$

$$H_1 : F(x) \neq F_0(x).$$

적합도 측정을 위한 K-S통계량(Kolmogorov–Smirnov statistics) D_n은 다음과 같이 정의된다.

$$D_n = \sup_x [\ |\ F_n(x) - F_0(x)\ |\ ]$$

여기서 $\sup_x$은 supremum의 약자로 최대값을 뜻한다.

$F_n(x)$가 $F_0(x)$에 충분히 가까울 때(D_n값이 매우 작을 경우) 귀무가설을 채택하게 된다. 만약 D_n값이 유의수준 α에서의 기각값보다 크면 귀무가설은 기각하게 된다. 여기에 사용되는 기각값은 유의수준과 표본크기에 따라 다르다[Hogg and Tanis(2006)]. 한편 유의확률(p-value)은 다음과 같이 구한다.

$$p\text{-value} = P_F(D \geq D_n)$$

자료로부터 일단 D_n이 구해진 다음에는 위의 $P_F(D \geq D_n)$은 F에 영향을 받지 않는다고 알려져 있다[Ross, 2022]. 그러므로 유의확률을 구하기 위하여 어떤 분포를 사용해도 무관하나, 보통은 우리에게 잘 알려진 정규분포를 사용할 수 있다. 그 경우 유의확률은 R 프로그램을 사용하여 얻을 수 있다.

<Example>에는 R프로그램을 이용한 K-S test를 간단히 소개한다.

Example

```
############## R code ##################
group=rnorm(100,0,1)
ks.test(group,pnorm)
########################################
```

>결과

```
One-sample Kolmogorov-Smirnov test
data: group
D=0.094659, p-value=0.3317
alternative hypothesis: two-sided
```

먼저 하나의 모집단이 어떤 특정한 분포를 따르는지 확인하는 일표본 K_S test를 하기 위하여 rnorm을 이용해 평균이 0, 표준편차가 1인 정규분포에서 100개의 난수를 추출하였다.

```
ks.test(x,y,...,alternative=c("two.sided","less","greater"),
exact=NULL)
```

x에는 데이터 값의 숫자형 벡터를, y에는 데이터 값의 숫자형 벡터, 누적분포함수 또는 실제 누적분포함수를 명명하는 문자열(예: pnorm)을 넣는다. 이때 연속 누적분포함수만 유효하다. 데이터가 정규분포를 따르는지 알아보기 위하여 y에 pnorm을 적었다. 결과의 p-value가 0.3317이므로 귀무가설을 5% 유의수준에서 채택한다. 즉, 데이터는 정규분포를 따른다고 볼 수 있다. 이표본 K-S test를 하기 위해서는 분포가 같은지 확인하고자 하는 다른 모집단의 데이터를 y에 넣으면 된다.

(2) 이표본 K-S 검정

이표본 K-S 검정(two sample K-S test)의 경우, K-S 통계량 D_n값은 다음과 같다.

$$D_{n,m} = \sup_x [\ | F_{1,n}(x) - F_{2,m}(x) |\ ]$$

여기서 $F_{1,n}(x)$과 $F_{2,m}(x)$는 각각의 표본의 경험적 분포함수이다.

이표본 검정의 귀무가설은 $H_0 : F_1(x) = F_2(x)$이고 대립가설은 $H_1 : F_1(x) \neq F_2(x)$이다. D_n값이 유의수준 α에서의 기각값보다 작은 경우 귀무가설을 채택하게 되며, 만약 D_n값이 기각값보다 크면 H_0를 기각한다.

K-S 검정과 유사하게, 자료가 특정 분포에 적합한지를 알아보는 방법에는 Cramer-Von Mises 검정과 Anderson-Darling 검정이 있다. 다음에서는 이들 검정을 간단히 소개한다.

1.4.2 Cramer-von Mises 검정

Cramer-von Mises(CvM) 검정에서도 K-S 검정에서와 마찬가지로 경험분포와 이론 분포를 비교한다. K-S 검정에서는 경험분포와 이론분포의 차이의 최대값을 이용했으나 CvM 검정에서는 다음처럼 이들의 차이의 제곱합을 고려한다.

$$\mathrm{CvM} = \frac{1}{n}\sum_{i=1}^{n}(F_n(x_{(i)}) - F_0(x_{(i)}))^2$$

이 값이 작을수록 자료들이 F_0에 가까움을 뜻하고, 따라서 H_0를 채택할 가능성이 커진다.

1.4.3 Anderson-Darling 검정

이 검정 통계량은 CvM을 수정한 형태이다. 가정된 분포 또는 자료의 양쪽 꼬리에 있는 관측값에 가중치를 더 많이 부여하는 방식으로 수정한 통계량이다.

$$\text{AD} = \sum_{i=1}^{n} \frac{(F_n(x_{(i)}) - (F_0(x_{(i)}))^2}{F_n(x_{(i)})[1 - F_0(x_{(i)})]}$$

위의 공식에서 분모인 $F_n(x_{(i)})[1-F_0(x_{(i)})]$는 0과 1 사이의 값을 갖는데 x가 자료의 양쪽 꼬리에 가까워질수록 작은 값을 갖게 된다. 다시 말해, AD는 자료의 양쪽 꼬리에 대해 CvM보다 더 큰 가중치를 주고 얻어지는 값이다. 여기서 가중치는 $[F_0(x)(1-F_0(x))]^{-1}$이다. 한편, CvM은 모든 자료에 대해 동일한 가중치를 주고 얻어진 값이다. 따라서 극단값 분석에서처럼 양쪽 꼬리의 값들에 관심이 큰 경우에 AD를 사용하는 게 적절하다.

반면 이상치나 극단값에 의한 큰 영향을 원치 않는다면 CvM 또는 더 나아가서 다음과 같은 통계량을 사용할 수 있겠다.

$$W_1 = \frac{1}{n}\sum_{i=1}^{n} |F_n(x_{(i)}) - F_0(x_{(i)})|$$

이 통계량은 Wasserstein 거리라고 불리기도 한다.

R 프로그램을 이용하면 CvM 검정과 AD 검정을 쉽게 구할 수 있다. 먼저 CvM 검정의 경우, “goftest” 패키지의 cvm.test() 함수를 사용하여 얻을 수 있다. AD 검정의 경우, “twosamples” 패키지의 ad_test() 함수를 이용하여 구할 수 있다.

1.4.4 분위수 그림 (Q-Q plot)

분위수 그림(Q-Q plot)이란, 두 분포의 분위수(quantile) 값을 서로 대비시키는 그림을 이용하여 자료가 어떤 특정 분포를 잘 따르는지를 확인해보는 방법이다. 자료가 특정 분포를 잘 따르면 Q-Q plot의 점들은 대략 $y=x$ 위에 놓이게 된다.

관측값 $x_1, x_2, \ldots, x_n$로부터 구한 순서통계량을 $x_{(1)} < \ldots < x_{(n)}$이라고 하자. 자료로부터 경험분포함수를 $F_n(x_{(i)}) = \dfrac{i-0.5}{n}$로 잡는다. 그러면 i번째 값 $x_{(i)}$는 표본자료에서

$$p_i = (i-0.5)/n, \quad i = 1, \ldots, n$$

에 해당하는 분위수이다[허명회(2011)]. 한편 가정한 이론분포를 F라고 하면, 이론상의 분위수 함수는 $F^{-1}(p_i)$가 된다. 여기서 F^{-1}은 비교하고자 하는 특정 누적분포함수의 역함수이며, 모수들의 추정치를 대입하여 사용한다. Q-Q plot은 $i=1,\ldots,n$에 대하여 $(F^{-1}(p_i), x_{(i)})$을 점으로 찍은 그림이다. Q-Q plot에 찍힌 점들이 선형 직선으로부터 멀어질수록 비교하려는 확률분포와 다르다는 것을 알 수 있다[류상범, 박정수(2012)].

<Example>에는 R프로그램을 이용하여 Q-Q plot을 그려보겠다.

Example

```
############## R code ##################
group1=rnorm(1000,0,1)
group2=rnorm(1000,0,1)  #그림 1.4
group2=runif(1000,-3,3)  #그림 1.5
qqplot(group1,group2)
abline(a=0,b=1,col="red")
######################################
```

>결과

```
qqplot(x, y, plot.it=TRUE)
```

x에는 첫 번째 데이터의 샘플을, y에는 두 번째 데이터의 샘플을 집어넣는다. 그림 1.4와 그림 1.5를 통해 group1이 표준정규분포를 따를 때, group2가 어떤 분포를 따르냐에 따라서 Q-Q plot이 다르게 그려진다는 사실을 알 수 있다. 그림 1.4는 두 데이터가 모두 정규분포에서 추

출되었기 때문에 대부분의 점들이 y=x위에 있는 것을 확인할 수 있다.

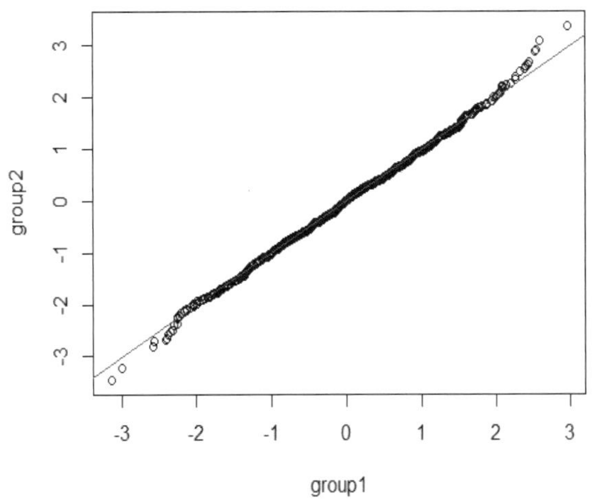

그림 1.4. y축의 값이 표준정규분포의 난수들이며 x축이 표준정규분포의 이론값인 경우의 Q-Q plot

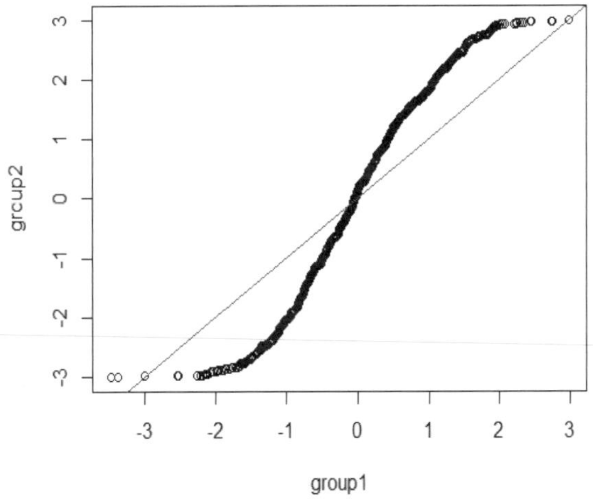

그림 1.5. y축이 −3과 3 사이의 균일분포의 난수들이며 x축이 표준정규분포의 이론값인 경우의 Q-Q plot (자료와 가정한 분포가 잘 안맞는 경우임)

그림 1.5는 두 데이터의 분포가 다르기 때문에 y=x를 따라가지 않는다. 자료의 정규성 여부를 검증하기 위하여 Q-Q plot 외에도 R 프로그램에서 qqnorm과 qqline을 사용하면 데이터가 정규분포를 따르는지 확인할 수 있다.

참고문헌

류상범, 박정수(2012), 기상통계론, 전남대학교출판부.

옥명훈, 백준걸(2018), Kolmogorov-Smirnov Test를 응용한 반도체 제조시스템에서의 불량 원인 분석 방법론, Jour Korean Institute Industrial Engineers, 44(2), 132-140.

허명회(2011), R을 활용한 탐색적 자료분석(2판), 자유아카데미.

허준행(2016), 수문통계학, 구미서관.

Coles, S.(2001). An Introduction to Statistical Modeling of Extreme Values, Springer, London.

Hogg and Tanis(백장선, 손영숙 번역)(2006), 수리통계학(7판), 자유아카데미.

Hosking JRM and Wallis JR(1997). Regional Frequency Analysis, Cambridge Univ Press.

Park, J.S. and Jung, H.S.(2002), Modelling Korean extreme rainfall using a kappa distribution and maximum likelihood estimate, Theoretical and Applied Climatology, 72, 55-64.

Ross, S.(2022), 『Simulation』, 6th Edition, Academic Press.

Wilks, D.S.(2006). Statistical Methods in the Atmospheric Sciences, Second Edition, Academic Press, Burlington, MA.

Wikipedia. L-moment; https://en.wikipedia.org/wiki/L-moment.

CHAPTER 2

극단 기상 자료의 모형화

제2장

극단 기상 자료의 모형화

최근 기상이 거칠어지고 있다고 한다. 그래서 극단적인 기상 현상이 과거보다 더 자주 일어나는 듯하다. 극단 기상 현상은 예를 들어 집중호우나 최고 풍속 또는 극단적인 한파를 말한다. 이들은 사회적인 영향이 상당히 크기 때문에 지대한 관심을 받는다. 대기과학뿐만 아니라 구조물 설계 분야와 위험 평가 분야에서도 관심이 높다. 이러한 연구의 주요 관심사는 예를 들어 서울 지역에 100년 만에 한 번 내릴 수 있는 큰 비의 양은 얼마인가, 또는 서울의 년 최고 온도가 40℃를 초과할 확률은 얼마인가와 같은 질문에 대한 답변이다. 이를 위해 적절한 확률분포를 고려해야 하고, 이 분포의 모수를 추정하기 위해서 과거의 극단 기상 자료를 이용한다. 본 장에서는 극단 자료에 사용하는 확률분포와 통계적 추론 및 위의 질문에 대한 답변을 위한 이론적인 논의가 이뤄진다.

2.1 일반화 극단 분포

2.1.1 분포의 정의와 모양

극단 자료에 대한 통계학의 기본적인 결과는 극단분포정리(extremal types theorem)이다. 이는 m개의 독립적인 관측치 중의 가장 큰 값의 분포는 관측치의 원래 분포에 무관하게 일정한 분포에 근사한다는 정리이다(Coles, 2001). 이를 구체적으로 표현하면 다음과 같다. 어떤 분포 F를 갖는 n개의 독립적인 확률변수를 $X_1, X_2, \ldots X_n$이라고 할 때, 우리의 관심사인 M_n을 다음과 같이 정의하자.

$$M_n = \max\{\mathrm{X}_1, \mathrm{X}_2, \ldots \mathrm{X}_\mathrm{n}\}.$$

여기서 X_i는 보통 정해진 시간 간격에서 측정된 값을 말하는데, 예를 들어 일일 강수량이나 매일의 온도 등이다. 만약 n이 1년에 관측된 자료의 수라면, M_n은 연 최대 관측치를 나타낸다. 이와 같이 어느 정해진 기간 동안에서의 최대값을 블록 최대값(block maxima)이라고 부른다.

n이 커짐에 따라 M_n이 이론상으로 수렴하는 분포는 일반화 극단 분포(generalized extreme value distribution; GEVD)라고 불린다. 이 정리의 특징은 모집단의 분포가 무엇이든지 상관없이 관측 변수들이 독립적이고 같은 분포를 따르면 M_n은 GEVD로 수렴한다는 것이다. 이런 특징은 중심극한정리에서와 유사하다. 이런 점 때문에 GEVD가 자주

사용된다.

GEVD의 확률밀도함수(PDF)는 $1+k(x-\xi)/\beta>0$이라는 조건 하에서 다음과 같이 표현된다.

$$f(x)=\frac{1}{\beta}[1+\frac{k(x-\xi)}{\beta}]^{1-\frac{1}{k}}\ \exp\{-[1+\frac{\mathrm{k}(\mathrm{x}-\xi)}{\beta}]^{\frac{1}{\mathrm{k}}}\}. \tag{2.1}$$

여기에는 세 개의 모수가 있는데, ξ는 위치(location)모수이고 β는 규모 또는 척도(scale)모수이며 k는 모양(shape)모수이다. 누적분포함수(CDF)는 다음과 같다.

$$F(x)=\Pr(M_n\le x)=\ \exp\{-[1+\frac{\mathrm{k}(\mathrm{x}-\xi)}{\beta}]^{-1/\mathrm{k}}\}. \tag{2.2}$$

이 CDF의 역함수로 구해지는 백분위수(quantile) 함수는 다음과 같다.

$$F^{-1}(p)=\xi-\frac{\beta}{k}\{1-[-\ln(p)]^{-k}\},\ 0<\mathrm{p}<1. \tag{2.3}$$

GEVD는 k값에 따라서 세 가지 타입으로 나뉜다. k>0이면 Frechet 분포라고 부르고 k<0이면 와이블(Weibull) 분포, k=0이면 검블(Gumbel)분포라고 한다. 검블분포는 오른쪽에 긴 꼬리를 갖지만 Frechet 분포보다는 덜 두꺼운 꼬리를 갖는다. 그림 2.1은 위 세 가지 분포의 밀

도함수 형태를 보여준다.

검블분포의 확률 밀도 함수는 다음과 같다.

$$f(x) = \frac{1}{\beta}\exp\left\{-\exp\left[\frac{(x-\xi)}{\beta}\right] - \frac{(x-\xi)}{\beta}\right\}.$$

여기서 ξ와 β는 검블 분포의 위치 모수와 규모 모수이다. 검블 분포의 확률 밀도 함수는 오른쪽으로 치우쳐 있고 $x = \xi$에서 최대가 된다. 그리고 수학적으로 적분 가능하므로 누적 검블 분포의 확률은 아래의 누적 분포 함수를 이용하여 쉽게 구할 수 있다.

$$F(x) = \exp\left\{-\exp\left[-\frac{(x-\xi)}{\beta}\right]\right\}$$

검블 분포의 모수를 추정하는 가장 간단한 방법은 적률법이다. 적률법에 의해 구한 추정량은 아래와 같다.

$$\hat{\beta} = \frac{s\sqrt{6}}{\pi} .$$

$$\hat{\xi} = \bar{x} - \gamma\hat{\beta}$$

여기서 s는 표본에서 구한 표준편차이고, $\gamma = 0.57721$은 오일러 상수(Euler's constant)이다.

Frechet 분포는 오른쪽 꼬리가 두꺼운, 즉 매우 큰 극단값들이 비교적 자주 일어나는 경우에 적합하다. 만약 k>0.5이면 M_n의 분산이 무한

대가 되는데 이는 PDF의 모양이 오른쪽으로 두꺼운 꼬리(heavy tail)를 갖는 형태로 된다.

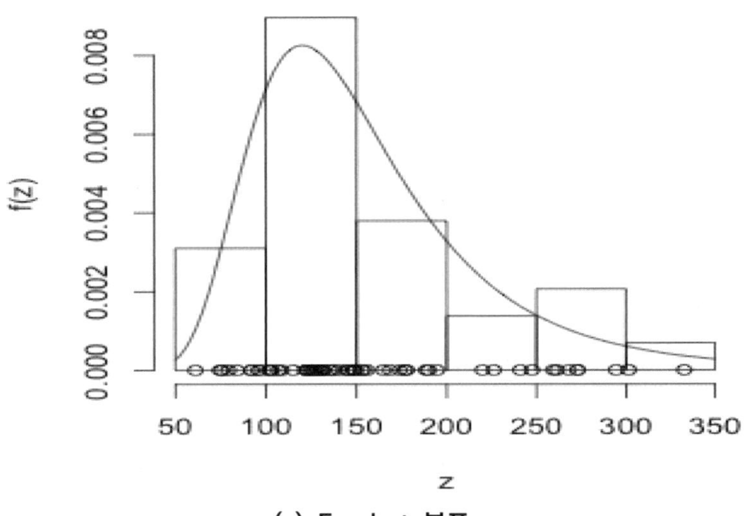

(a) Frechet 분포

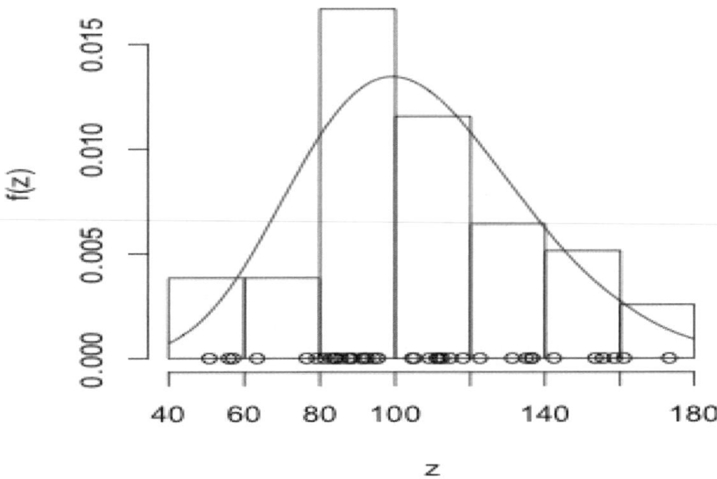

(b) Weibull 분포

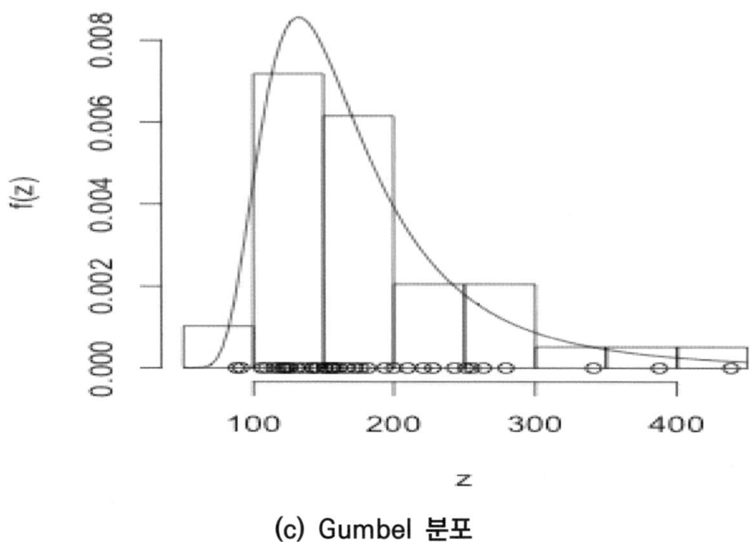

(c) Gumbel 분포

그림 2.1. 일반화 극단분포의 다양한 형태의 모양. (a) k>0인 경우, (b) k<0인 경우, (c) k=0인 경우.

최대값이 아닌 최소값에 대하여도 GEVD를 적용할 수 있다. $Y_i = -X_i$라고 하고, $\widetilde{M}_n = \min\{X_1, \ldots, X_n\}$, $M_n = \max\{Y_i, \ldots, Y_n\}$이라면, $\widetilde{M}_n = -M_n$이다. 최소값들 $z_1, \ldots, z_n$이 주어졌을 때, $-z_1, -z_2, \ldots, -z_n$에 대해서 GEVD를 적합시킨다. 이때의 모수 추정치를 $(\hat{\xi}, \hat{\beta}, \hat{k})$라고 하면 최솟값에 대한 GEVD의 추정치는 $(-\hat{\xi}, \hat{\beta}, \hat{k})$이다. 이제 최솟값 $\widetilde{M}_n$의 CDF에 추정된 모수를 넣어서 적으면

$$\widetilde{F}(z) = \Pr(\widetilde{M}_n \le z) = 1 - \exp\{-[1 - \hat{k}(\frac{z + \hat{\xi}}{\hat{\beta}})]^{-\frac{1}{\hat{k}}}\}$$

이다(Coles, 2001).

2.1.2 모수의 추정과 귀환수준

(1) 최우추정법

GEVD는 보통 최우추정법(MLE)이나 L-적률 추정법을 이용하여 적합된다. L-적률 추정법(Hosking and Wallis, 1997)은 표본의 수가 작은 경우($n \le 100$)에 적절하고 최우추정법은 표본의 수가 큰 경우($n \ge 100$)에 적절하다. L-적률 추정법은 이상치가 있는 경우에 최우추정법보다 이상치에 덜 민감하다는 장점이 있다. 최우추정법은 모수에 적절한 공변량을 넣는 경우에도 사용할 수 있어서 적용 범위가 넓다.

최우추정법은 각 자료가 GEVD로부터 나왔다고 보고 각 자료의 확률밀도함수의 곱인 우도함수(likelihood function)를 최대로 하는 모수를 구하는 방법이다. 우도함수는

$$L(\theta;x_1,...,x_n) = \prod_{i=1}^{n} f(x_i;\theta)$$

이다. 여기서 θ는 모수들 (ξ,β,k)를 표시하고, $f(x_i,\theta)$는 위에서 정의한 GEVD의 확률밀도함수 (2.1)이다. 보통 $-\log L(\theta;x_1,...,x_n)$을 최소로 하는 θ를 수치적 최적화 기법을 이용하여 구한다. GEVD에 관한 최우추정법을 포함한 여러 가지 추론은 R 프로그램의 ismev 패키지를 이용하여 할 수 있다. GEVD 모수에 대한 추정과 표준오차의 계산은 gev.fit이

라는 함수를 이용한다. R 패키지 extRemes을 이용해도 다양한 극단 분포의 추정이 가능하다.

(2) L-적률 추정법

L-적률 추정을 위해 먼저 확률가중적률(probability weighted moments; PWM)을 이용하여 모양모수, 규모모수, 위치모수를 결정해주어야 한다(Hosking and Wallis, 1997). $X=\{X_{(1)}, X_{(2)}, \cdots, X_{(M)}\}$를 연간 최댓값 계열을 정렬시킨 값이라 하면, 이때 PWM의 불편(unbiased) 추정량은 다음과 같다.

$$\beta_0 = \frac{1}{M}\sum_{j=1}^{M} X_{(j)}$$

$$\beta_1 = \sum_{j=1}^{M-1} \frac{(M-j)X_{(j)}}{M(M-1)}$$

$$\beta_2 = \sum_{j=1}^{M-2} \frac{(M-j)(M-j-1)X_{(j)}}{M(M-1)(M-2)}.$$

위의 표본 PWM으로부터 얻은 표본 L-적률은 다음과 같다.

$$l_1 = \beta_0$$

$$l_2 = 2\beta_1 - \beta_0$$

$$l_3 = 6\beta_2 - 6\beta_1 + \beta_0$$

GEVD의 모양모수인 k의 L-적률 추정치는 다음과 같다(Hosking and Wallis, 1997).

$$\hat{\kappa} = 7.8590c + 2.9554c^2$$

이 때,

$$c = \frac{2l_2}{l_3 + 3l_2} - \frac{\ln(2)}{\ln(3)}.$$

또한 다른 모수들은 다음에 의해 계산된다.

$$\hat{\beta} = \frac{\hat{\kappa} l_2}{\Gamma(1+\hat{\kappa})(1-2^{-\hat{\kappa}})}$$

$$\hat{\xi} = l_1 + \frac{\hat{\alpha}[\Gamma(1+\hat{\kappa})-1]}{\hat{\kappa}}.$$

GEVD에 대한 L-적률 추정치는 위와 같이 명확한 식으로 표현되므로 계산이 단순하다는 장점이 있다. 반면 최우추정치는 값이 명확하게 표현되지 않고 최적화를 위한 반복적인 계산이 의해서 수렴한 결과를 구해야 하기 때문에 시간이 더 걸리는 단점이 있다. L-적률 추정치의 계산을 위해서는 R 프로그램의 lmomco 패키지를 사용할 수 있다.

(3) 귀환수준

극단 현상에 대한 자료 분석은 매우 드물게 일어나는 일에 대한 예측에 관심을 둔다. 예를 들어 년 최대 일일 강수량의 자료 분석에서 100년 또는 200년 만에 한 번 정도 일어날 강수량은 얼마인가? 이런 문제는 만약 100년치의 자료가 있을 때는 상위 1%에 해당하는 값으로 100년 만에 한 번 일어나는 강수량을 대략 추정할 수 있을 것이다. 그러나 200년 만에 한 번 일어나는 강수량은 직접 추정할 수 없다. 이런 경우 통계적 분포를 이용할 수 있다. 즉, 잘 적합된 GEVD의 백분위수(quantile)로부터 합리적인 추정치를 구할 수 있다. 이는 GEVD의 CDF (2.2)와 백분위수 함수 (2.3)으로부터 아래와 같이 구해진다.

$$z_p = \xi - \frac{\beta}{k}\{1-[-\ln(p)]^{-k}\}, \quad k \neq 0 \text{ 일 때},$$

$$z_p = \xi - \beta \log\{-\log(1-p)\}, \quad k = 0 \text{ 일 때}. \tag{2.4}$$

여기서 $F(z_p) = 1 - p$이다.

우리는 z_p를 $1/p$에 대한 재현수준 또는 귀환수준이라고 부른다. 이때 $1/p$를 재현기간 또는 귀환기간(retrun period)이라고 한다. 귀환수준 z_p는 평균적으로 $1/p$년에 한 번 정도 그 이상의 값이 재현되는 값을 의미한다. 다시 말해, 어느 특정 해에 최대 일일 강수량이 z_p를 넘을 확률은 p이다. 만약 p=0.01이면 $F(z) = 0.99$를 만족하는 값으로서 $z_{0.01}$은 100년 만에 한 번 넘는 강수량을 의미한다. 만약 p=0.005이면 $z_{0.005}$는 200년 귀환수준이 된다. 이들은 위 식 (2.4)에 모수들(ξ, β, k)의 추정치

$(\hat{\xi}, \hat{\beta}, \hat{k})$를 대입하여 실제로 구할 수 있다. 그러나 $z_{0.005}$는 분포의 아주 오른쪽 꼬리에 해당하는 값이므로 한정된 자료로부터 잘 추정하기가 상당히 어렵다. 따라서 세심한 자료 관리와 사려 깊은 추정 방법이 요구된다.

표 2.1은 우리나라 7개 지역의 1981년부터 2010년까지의 연중 일일 최대 강수량 자료에 대해서 GEVD를 적합시켜서 얻은 최대우도 모수 추정치와 귀환수준 추정값이다.

한편, 어느 날 200 mm라는 큰 비가 내렸다고 하자. 우리는 이것이 평균 몇 년 만에 한 번 내리는 큰 비인지 알고 싶다. 그러기 위해서 먼저 이 값이 일반화 극단 분포의 몇 백분위수에 해당되는지를 알아야 하는데, 이는 일반화 극단 분포의 누적분포함수로부터 얻을 수 있다. 200mm

표 2.1. 우리나라 7개 지역의 연중 최대 일일 강수량에 대한 GEVD의 최대우도 모수 추정치와 여러 가지의 귀환기간에 대한 귀환수준 추정값들(단위: mm).

지역	$\hat{\xi}$	$\hat{\beta}$	$\hat{k}$	10년	50년	100년	200년	500년
강릉	113.5	41.4	0.39	263	497	651	853	1220
서울	125.4	44.9	0.12	242	351	404	462	546
울릉도	79.4	26.2	0.15	150	219	254	293	351
청주	95.6	27.0	0.20	173	257	302	353	434
대전	100.6	30.9	0.32	204	346	433	543	731
포항	85.2	28.1	0.27	173	280	343	418	541
대구	82.2	31.0	0.03	154	210	234	258	291

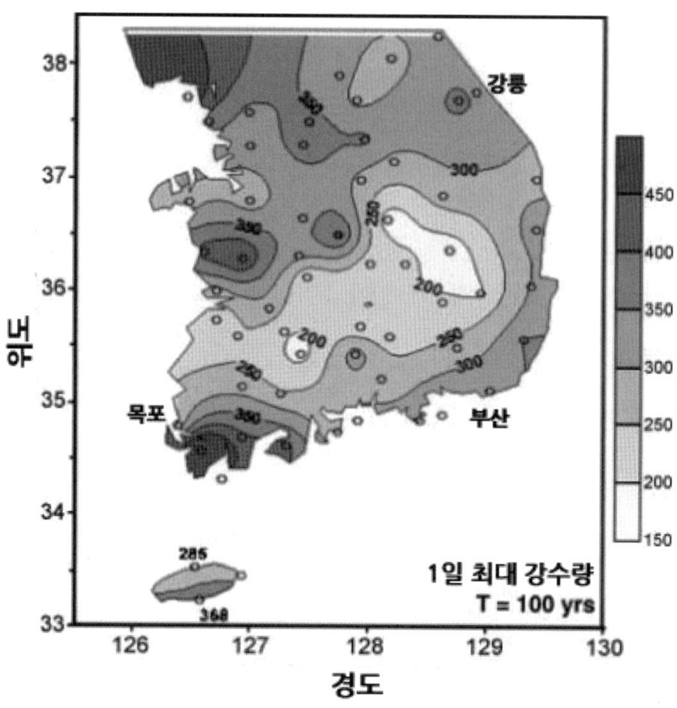

그림 2.2. 남한의 일일 최대강수량의 100년 귀환 수준의 등고선도(단위: mm).

강수량이 만약 99.63 백분위수에 해당된다면, $100\times(1-p)=99.63$으로부터 $p=0.0037$임을 알 수 있다. 그러면 위의 $T=1/p$ 공식으로부터 $T=270$이 된다. 즉, 하루 200 mm 강수량은 평균적으로 270년 만에 한 번 정도 내리는 큰 비이다. 이렇게 구한 T를 귀환 기간 또는 재현주기(return period)라고 부른다.

그림 2.2는 남한의 일일 최대 강수량의 100년 귀환 수준을 추정하여 그린 등고선도이다(Park and Jung, 2002). 장흥과 해남 지역의 집중호우는 1981년에 온 태풍 아그네스의 영향이고(하루에 500 mm 정도 내림), 대구 지역의 적은 비는 지리산과 태백산맥에 의한 푄(Föhn) 현상

때문이라고 한다. 푄 현상이란 비구름이 산을 타고 올라가면서 비를 다 뿌린 후에 산의 정상을 넘어서는 고온 건조한 공기를 내는 현상이다.

귀환 수준과 귀환 기간의 개념은 최대 강수량은 물론이고 강에서의 최고 수위, 최대 풍속, 지진, 최대 적설량, 최고 해수면 또는 해일, 최고/최저 기온 등에도 적용된다. 이러한 극단적 자연 현상은 그 영향력이 매우 크기 때문에 이에 대한 하나의 수치적 표현인 T년 귀환 수준을 정확히 추정하는 문제는 통계학이나 대기과학에서뿐만 아니라 수문학(hydrology)이나 농학 및 공학(건축, 토목, 도시, 환경 공학 등)에서도 중대한 과제이다. T년 귀환 수준은 자연 현상에 민감하게 영향을 받는 농업에서, 그리고 건축물이나 토목 시설 등의 설계에서 중요한 요소이기 때문이다. 그래서 T년 귀환 수준을 공학에서는 T년 설계값(design value)이라고 부른다.

2.1.3 모형 진단

우리가 세운 GEVD 모형이 자료와 얼마나 잘 맞는가를 검토하는 기술 중 가장 흔히 쓰이는 도구가 백분위수 그림(quantile plot 또는 Q-Q plot)이다. 최대값들 $z_1,...,z_n$로부터 구한 순서통계량을 $z_{(1)} \le z_{(2)} \le \dots \le z_{(n)}$에 대하여, 백분위수 그림을 이루는 점들은 다음과 같이 정의된다:

$$(\hat{F}^{-1}(i/(n+1)),\ z_{(i)}),\ i=1,...,n \tag{2.5}$$

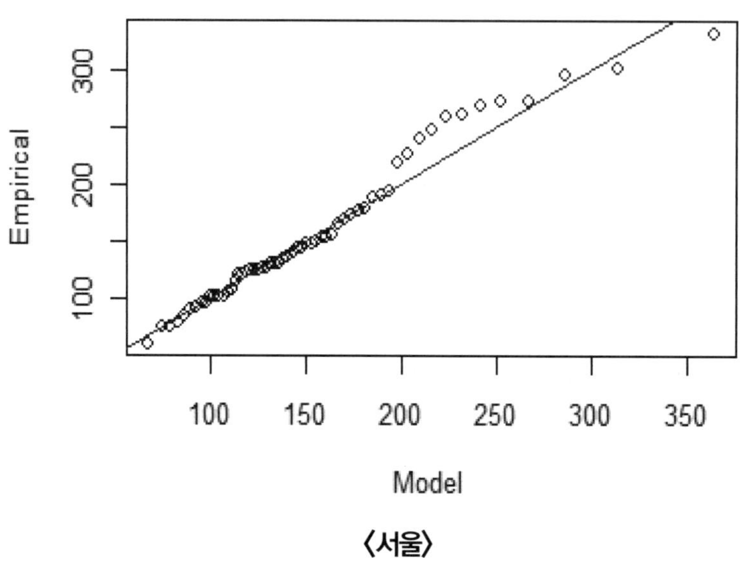

〈서울〉

Quantile Plot

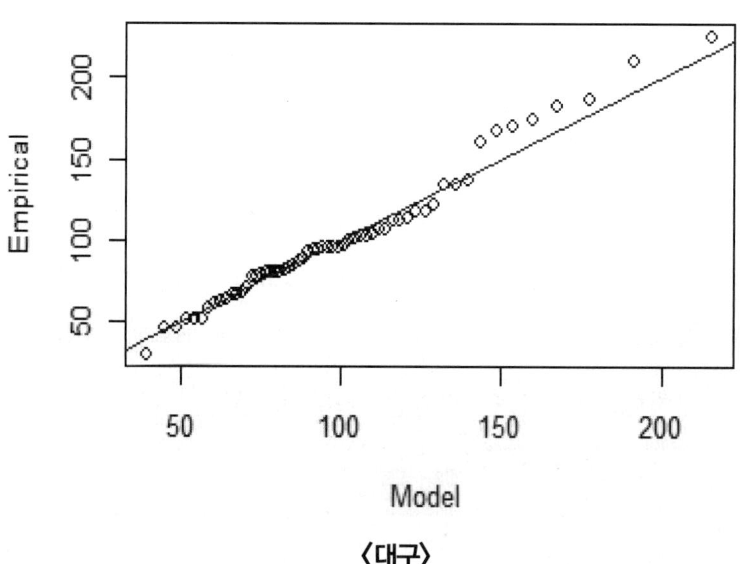

〈대구〉

그림 2.3. 서울과 대구 강수량 자료를 GEVD에 적합시킨 후 얻은 Q-Q 그림.

여기서 $\hat{F}^{-1}$은 (2.3)에서 정의된 백분위수 함수인데 모수들 (ξ, β, k)의 추정치 $(\hat{\xi}, \hat{\beta}, \hat{k})$를 대입하여 구한 공식을 말한다. 이를 그림으로 그려서 선형 직선으로부터 멀어질수록 모형이 적합하지 않는다는 증거가 된다. 그림 2.3은 서울과 대구 강수량 자료를 GEVD에 적합시킨 후 얻은 Q-Q 그림이다.

식 (2.5)에서 사용한 $i/(\mathrm{n}+1)$ 대신에 $(i\text{-}0.5)/\mathrm{n}$을 사용하기도 한다. 이런 값을 plotting position이라고 하는데, 다양한 값들이 제안되었다. 어떤 계산에서는 이 plotting position에 따라 계산값이 상당히 바뀌기도 한다. GEVD에서는 $(i\text{-}0.35)/\mathrm{n}$이 자주 사용된다.

그림 2.3의 서울(윗 그림)은 큰 값의 관측치들에 대해 적합이 잘되지는 않았지만 $y=x$ 선의 위와 아래에 놓여 있어서 체계적인 편의(bias)는 적어 보인다. 반면 대구(아랫 그림)는 150 mm 이상에서 모형에 비하여 관측치 값이 더 큰 것을 알 수 있다. 이는 GEV 모형이 150 mm 이상의 관측값들을 과소 적합하고 있음을 보여준다. 따라서 귀환수준도 과소 추정했을 가능성이 크다. 이런 경우, 모수를 다른 방법으로 추정하거나, 또는 GEVD가 아닌 다른 분포들을 적용하는 시도를 해볼 수 있겠다. 다른 분포들로는 다음 절에 상세히 기술할 일반화 파레토 분포를 포함하여 일반화 로지스틱 분포, 피어슨-III 분포, 4모수 카파 분포 등이 있다. R 프로그램의 lmomco 패키지에는 이런 분포들을 L-적률법으로 적합시킬 수 있는 함수들이 잘 제공된다.

2.2 일반화 파레토 분포

2.2.1 일반화 파레토 분포의 정의

지금까지 공부한 GEVD의 단점은 원 자료의 많은 부분이 사용되지 않고 구역(block) 내의 오직 한 값, 즉 최댓값만 사용한다는 점이다. 예를 들어 올해의 일일 강수량 중 두 번째 큰 값이 작년의 최대 강수량보다 더 많을 수도 있음에도 불구하고 올해의 두 번째 큰 값은 사용하지 않는다. 또한 어떤 경우에는 구역을 어떻게 잡느냐의 문제가 생기기도 한다. 이러한 단점에 대한 대안적 접근으로서 구역에 상관없이 어느 수준 이상인 값들을 사용하는 방법이 있다. 이러한 접근법을 POT(peaks over threshold) 방법이라고 부른다. 이 때 분석을 위해 뽑힌 어느 수준 이상의 값들을 partial-duration 자료 또는 초과분 자료라고 한다.

이 자료들의 적합에 적절한 모형으로서, 이론적으로 유도된 분포가 일반화 파레토 분포(generalized Pareto distribution; GPD)이다. 이 방법의 장점은 GEVD보다 더 많은 자료를 사용하기 때문에 더 정확한 통계적 추론이 가능하다는 점이다. 그림 2.4에서 살펴보면 왼쪽은 GEVD에 적용되는 블록 최댓값들이고 오른쪽은 GPD에 적용되는 임계값(threshold) u를 초과하는 관측치들이다. 우리는 초과분 자료만 가지고 GPD를 적합시킨다.

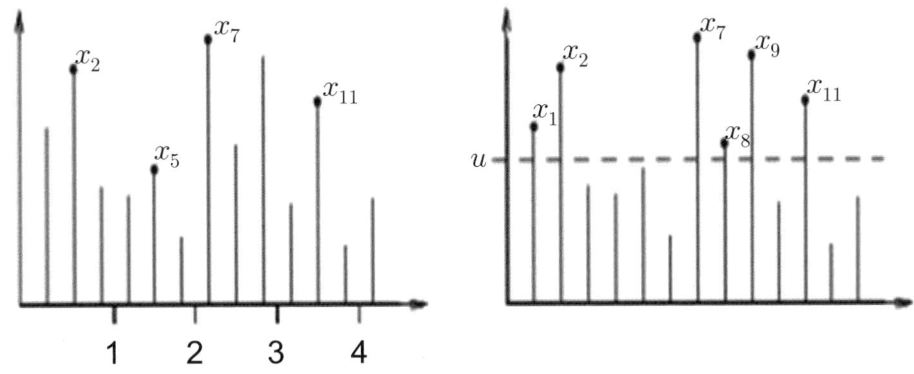

그림 2.4. 일정 구간 내에서 극단 관측치(좌), 임계값 u를 초과하는 관측치(우).

GPD의 이론적 특징은 GEVD와 마찬가지로 모집단의 원래 분포 형태에 상관없이 초과분의 분포함수는 임계점(u)이 점점 커지면 다음과 같은 GPD의 CDF에 수렴한다는 것이다.

$$F(y) = 1 - (1 + ky/\beta)^{-1/k}, \quad y > 0 \quad \text{and} \quad 1 + ky/\beta > 0\,, \tag{2.6}$$

여기에서 $y = x - u$이고, k는 모양 모수이며 β는 규모 모수이다.

일반화 파레토 분포에서는 임계값에 따라 사용하는 표본의 크기도 달라지고 모수의 추정치도 달라진다. u를 너무 작게 잡으면 초과분 자료가 이론적으로 GPD를 따르지 않을 것이며, u를 너무 크게 잡으면 초과분 자료의 수가 너무 적어져서 분석의 정확도가 떨어진다. 따라서 적절한 임계값을 결정하는 것이 중요한 업무이다. GPD에 관한 최대우도 추론은 R 프로그램의 ismev 패키지의 gpd.fit 함수를 이용한다. lmomco 패키지에서는 pargpa 함수를 사용한다.

2.2.2 임계값 결정 방법과 귀환수준

임계값의 결정 방법은 여러 가지가 제안되었다. 그 중에서 크게 세 가지를 여기에 소개하겠다. 평균 초과함수 방법, 적합도 검정법과 붓스트랩을 이용한 방법이다. 이들 중 어느 것이 가장 좋다는 결론은 없다. 먼저 비교적 단순한 평균 초과함수(mean residual life; MRL) 그림을 이용한 방법을 기술한다.

(1) 평균 초과함수 그림

Coles(2001)의 저서에 따르면 이는 임계값을 정하는데 가장 기본적인 방법으로 평균 초과함수의 플롯을 직선의 시작점을 임계값을 정하는 방법이다. 이 방법의 장점은 임계값을 정함에 있어서 계산이 간단하고 시간이 적게 걸린다는 점이다. 하지만 단점으로는 사용자가 직접 눈으로 확인하여 결정해야 한다는 점이다. 따라서 임계값이 주관적인 판단하에 결정될 수 있다. 평균 초과함수는 식 (2.7)과 같다.

$$e(u) = \frac{\sum_{i=1}^{n_u} (x_{(i)} - u)}{n_u} \tag{2.7}$$

여기에서 n_u는 임계점을 초과하는 관측치의 수이고, $x_{(1)},\ldots,x_{(n_u)}$는 임계점 u를 초과는 관측치들이다. MRL 그림은 u 값을 변화시켜가면서 그림 2.5처럼 그린 그림이다.

$$\{(u, e(u)); u < x_{max}\}.$$

그림 2.5는 대구 지역의 일일 강수량으로부터 그린 평균 초과함수 플롯이다. 붉은 선의 부분이 선택된 임계값이다. MRL Plot에 의해 결정된 임계값은 110mm이다. 110mm를 기점으로 그 이후에 거의 직선에 가깝게 감소하는 것을 볼 수 있기 때문이다.

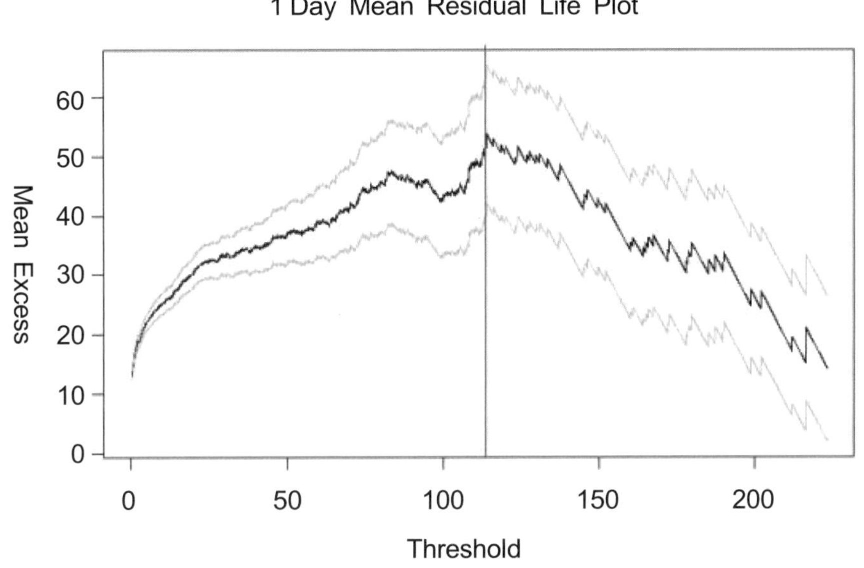

그림 2.5. 대구 지역의 일일 강수량으로부터 그린 평균 초과함수 플롯.

대구의 경우는 비교적 손쉽게 임계값을 결정했다지만 다른 지역은 그렇지 않을 수 있다. 이런 단점을 보완하기 위해 Gomes(2013)의 붓스트랩을 이용한 방법, Thompson 등(2009)의 적합도 방법 등 여러 가지 방법이 제안되었다. 임계값 결정에 대해 확신이 없다면 한 가지 방법만을 사용하지 말고 세 가지 정도의 방법을 사용하여 얻어진 임계값들의 중간치를 최종 임계값으로 사용하는 것을 고려할 만하다. 본 절에 주어지는 실제 적용 사례에서도 저자는 이런 세 가지 결과의 중간값을 사용하였다.

GPD에서 N년 귀환수준은 식 (2.8)에 의하여 구한다(Coles, 2001).

$$z_N = u + \frac{\beta}{k}[(N n_y \zeta_u)^k - 1] \tag{2.8}$$

여기에서 N은 귀환 기간, n_y는 연간 평균 관측 수, ζ_u은 임계값을 초과할 확률이다. $k=0$이면 다음 공식으로 구한다.

$$z_N = u + \beta \log(N n_y \zeta_u).$$

식 (2.8)으로부터 리턴 기간 N을 구하면 다음과 같다.

$$(Z_N - u)\xi/\sigma + 1 = (N \times e/n_y)^{\xi} \ ,$$

$$N = n_y/e[(Z_N - u)\xi/\sigma + 1]^{1/\xi}$$

여기에서 e는 임계값을 초과한 관측치의 개수이다.

표 2.2는 2010년까지의 일일 강수량에 대해 GPD를 적합시킨 결과로써, 각 지역별 임계값, 초과율(ζ_u), 규모모수($\hat{\beta}$), 모양모수($\hat{k}$), 그리고 10년, 20년, 50년, 100년, 200년 귀환기간에 대한 귀환수준 추정값이다.

표 2.2. 우리나라 7개 지역의 일일 강수량에 대해 GPD를 적합시킨 결과, 임계값, 초과율(ζ_u), 최대우도 모수 추정치와 여러 가지의 귀환기간에 대한 귀환수준의 추정값들.

지역	임계점 (mm)	초과율 (%)	scale 모수($\hat{\beta}$)	shape 모수($\hat{k}$)	귀환수준 (단위:mm)				
					10년	20년	50년	100년	200년
강릉	95	1.45	40.52	0.233	260	361	461	573	730
서울	95	1.65	41.86	0.077	237	285	337	389	443
울릉도	75	0.99	24.95	0.085	150	173	204	230	257
청주	100	0.83	23.44	0.297	175	211	270	327	397
대전	85	1.61	38.96	-0.005	198	244	298	349	410
포항	85	0.97	26.79	0.305	173	214	284	351	435
대구	110	0.44	32.93	-0.018	149	178	206	228	249

여기서 임계값은 위에서 언급한 평균 초과함수 그림(MRL plot)으로 결정한 것이다. 표 2.1의 GEVD의 결과와 비교해 보면 GPD의 귀환수준이 청주와 포항에서는 더 높고 나머지 지역에서는 더 낮음을 알 수 있다.

(2) 적합도 방법(goodness of fit method)으로 임계값 구하기

이 방법은 Thompson 등(2009)에 의해 제안된 방법이다. 먼저, 등 간격으로 증가하는 n개의 임계값을 고려하고 이들을 $u_1,\cdots,u_n$이라고 표기하자. 그러면 $\sigma_{u_{j-1}}=\sigma_u+\xi(u_{j-1}-u)$이 된다. 또한 $\sigma_{u_j}=\sigma_u+\xi(u_j-u)$이 성립하므로, 우리는 $\sigma_j-\sigma_{u_{j-1}}=\xi(u_j-u_{j-1})$을 알 수 있다. 이때, $\tau_{u_j}=\widehat{\sigma_{u_j}}-\widehat{\xi_{u_j}}u_i$라고 한다면, 각 임계값에 따른 $\tau_{u_j}-\tau_{u_{j-1}}$과 같은 τ의 편차

를 정의할 수 있다. 이 편차는 점근적으로 정규분포를 따른다고 알려졌기 때문에 순차적으로 정규성 적합도 검정을 통하여 정규분포를 따르는 경계점을 임계값으로 정하는 방법이다.

이 방법의 장점은 사용자의 주관적인 판단을 하지 않고 임계값을 결정할 수 있다는 점이다. 이 방법 역시 몇 가지 단점이 있는데 첫 번째는 낮은 임계값을 자주 선택한다는 점이고 두 번째는 매번 모수를 추정하기 때문에 시간이 오래 걸린다는 것이다. 마지막으로는 모수추정에 실패했을 경우에는 임계값을 찾지 못한다는 점이다. 저자는 Thompson 등(2009)이 개발한 R 프로그램을 이용하여 이 방법을 적용하였다.

(3) 붓스트랩 방법으로 임계값 구하기

이 방법은 Gomes(2013)에 언급된 것이다.[1] 각각의 임계값에 따라 붓스트랩으로 표본을 재추출하여 tail index의 MSE(Mean Squared Error)를 최소로 하는 임계값을 선택하는 방법이다. 붓스트랩은 크게 모수적 방법과 비모수적 방법으로 나뉘는데, 여기서는 비모수적 방법을 사용한다. tail index 추정 시 계산 시간을 줄이기 위하여 Hill의 추정치를 사용하였다. 임계값의 구체적 결정 알고리즘은 다음과 같다.

Step 1) 사용자가 어림잡은 범위 내에서 임계값들을 미리 잡고, 그 임계값 별로 100세트의 붓스트랩 표본을 추출한다.

Step 2) 아래 식을 통하여 각 세트의 tail index를 추정한다.

1) 이 방법은 Gomes(2013) 이전에 제안되었을 것으로 추측하는데 저자가 그 출처를 정확히 몰라 Gomes(2013)에 언급되었다고 적는다.

$$\gamma_{n,k}^{H}(u) = \frac{1}{k}\sum_{i=1}^{k}(\ln X_{n-i,n} - \ln X_{n-i+1,n}),$$

$$k = 1, 2, \cdots, n-1$$

Step 3) 붓스트랩의 결과로, 각 u에 대해 $MSE(\gamma_{n,k}^{H}(u))$를 계산한다.

Step 4) 각 임계값의 MSE를 비교하여 MSE를 최소로 만드는 임계값을 선택한다.

이 방법의 장점은 사용자가 주관적으로 판단하지 않아도 된다는 것과 임계값을 결정하는 과정에서 실패할 경우가 드물다는 것이다. 단점으로는 붓스트랩 과정에서 시간이 걸릴 뿐만 아니라 높은 임계값을 결정하는 경우가 많다. 임계값이 너무 크면 초과분 자료의 수가 너무 적어서 추후 통계적 추론에 어려움이 생긴다.

표 2.3은 몇 개 지역에 대한 임계값 선택의 예이다. 데이터는 강수량 0mm를 제외하였다. 여기서 저자는 세 가지 방법을 적용하여 구한 임계값들 중에서 그 중간값을 선택하였다.

표 2.3. 일부 지역의 강수량에 대해 세 가지 방법을 이용한 임계값 선택의 예.

지역	MRL Plot	Thompson 방법	Gomes 방법	임계값	초과확률
서울	90	96.40	149.1	95	0.016
대전	80	83.59	92.3	85	0.016
수원	95	67.94	141.7	95	0.014
포항	100	59.73	85.8	85	0.010

2.2.3 모형진단

결정된 임계값보다 큰 관측치들을 이용하여 GPD를 적합시킨 뒤, 그 적합이 얼마나 잘 맞는지를 판단할 필요가 있다. 이를 위하여 주로 귀환수준 그림과 Q-Q 그림을 살펴본다. 그림 2.6은 서울 지역에 대한 1일, 3시간 강수량에 대한 귀환수준 그림과 Q-Q 그림이다. 이들 그림에서 데이터가 중앙의 실선에 가까이 타점이 되면 GPD에 적합하다고 판단할 수 있다.

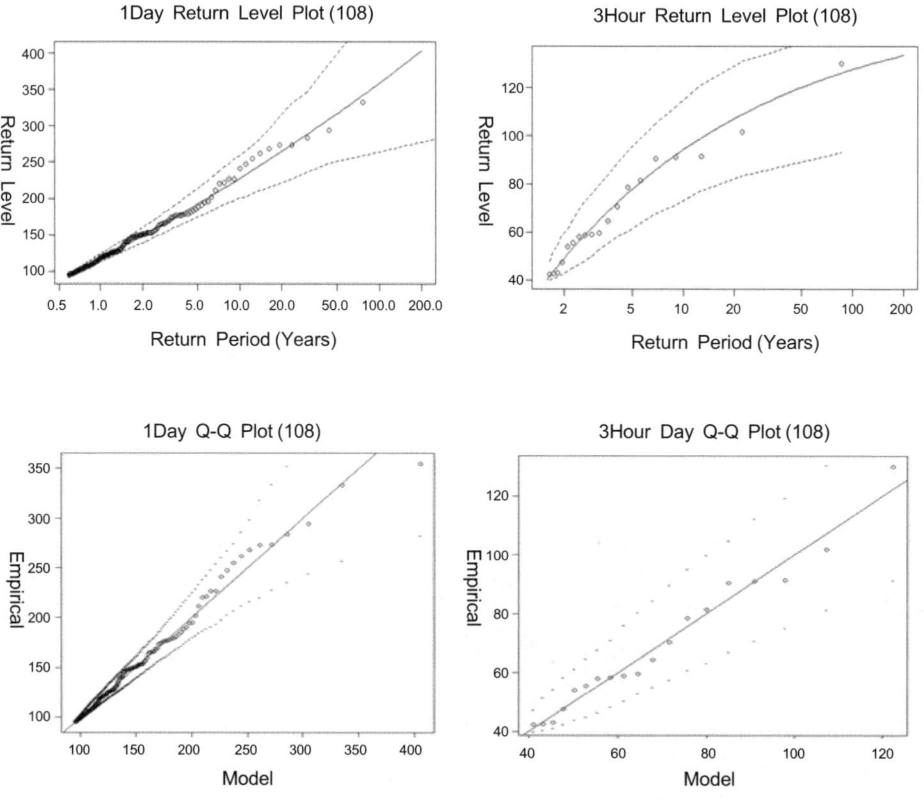

그림 2.6. 서울지역 1일과 3시간 강수량의 귀환수준 그림과 Q-Q 그림.

서울 지역에 1일, 3시간 강수량의 자료는 실선에 가까이 타점 되어 있고, 신뢰구간인 점선 안에 있으므로 GPD에 적합하다고 할 수 있다. 다만, 1일 강수량의 Q-Q 그림에서 최댓값이 실선에서 상당히 떨어져 있다. 이 경우는 GPD가 관측치보다 과대 예측하고 있음을 보여준다.

2.2.4 귀환수준 등고선 지도

남한의 3시간과 1일 강수량에 대해 각 귀환기간에 대한 귀환수준을 등고선 지도로 그려보았다. 색이 진할수록 귀환수준이 큰 지역이다. 그림 2.7을 기준으로 살펴보면, 강릉 지역의 귀환수준이 가장 크고 경기도 지역과 남해안의 귀환수준이 그 다음 순으로 큰 것을 알 수가 있다.

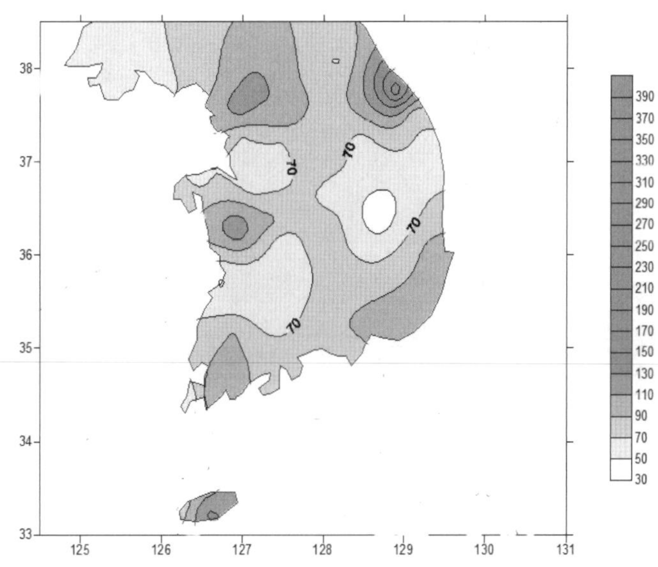

그림 2.7. 남한의 3시간 강수량에 대한 20년 귀환수준의 등고선 지도.

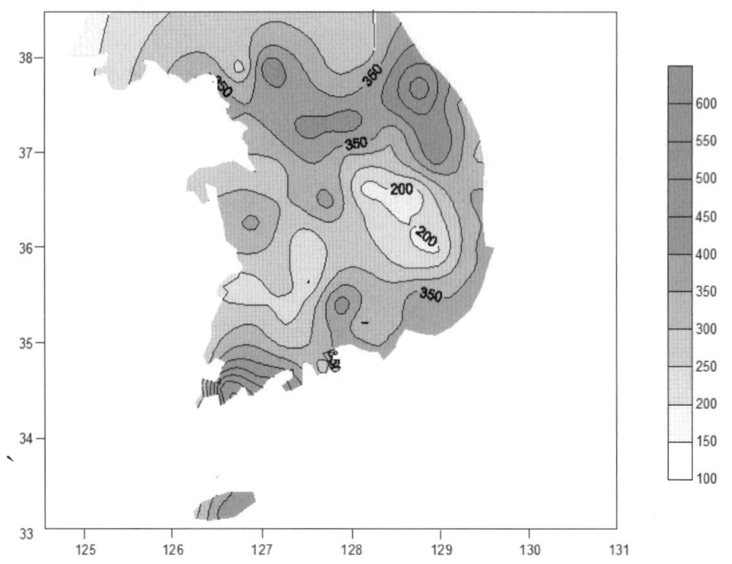

그림 2.8. 남한의 1일 강수량에 대한 100년 귀환수준의 등고선 지도.

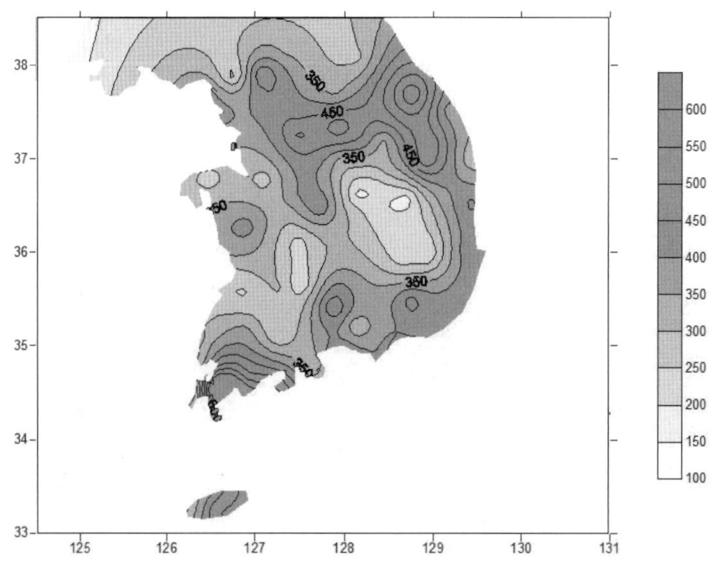

그림 2.9. 남한의 1일 강수량에 대한 200년 귀환수준의 등고선 지도.

이러한 양상은 귀환기간이 길어질수록 뚜렷하게 나타난다. 남해안은 주로 태풍에 의한 집중호우이고, 강릉 지역은 2002년에 내린 일일 강수량 870mm의 영향으로 보인다.

2.3 비정상 GEVD 모형과 r-GEVD

2.3.1 비정상 GEV 분포

각 구역에서 관찰된 최대값들에 있어서 어떤 경향성(trend)이 발견되면 GEVD를 직접 적용하기 어렵다. 왜냐하면 GEVD는 최대값들이 독립적이고 같은 분포를 따른다는 가정을 하고 있는데, 어떤 경향성을 띤다는 것은 독립성이나 같은 분포 가정을 위배될 가능성이 큼을 뜻하기 때문이다. 이런 경우에는 비정상(non-stationary) GEVD를 이용하여 접근을 할 수 있다. 즉 GEVD의 위치모수 ξ를 상수로 보지 않고 시간의 함수로 보는 것이다. 예를 들어 $\xi(t) = \alpha_0 + \alpha_1 t$의 형태이다. 또한 규모모수인 β에 대해서도

$$\beta(t) = \exp(\delta_0 + \delta_1 t)$$

과 같은 함수를 적용할 수 있다. 여기서 지수함수를 취한 이유는 규모모수 값이 항상 양수를 취하도록 하기 위함이다. 이 경우 최우추정법으로

$\alpha_0, \alpha_1, \delta_0, \delta_1$을 추정한다. 이러한 계산은 R 프로그램의 ismev 패키지 중에 gev.fit을 이용한다.

Park 등(2011)은 우리나라의 일일 최대 강수량 자료에 대해 비정상 GEVD를 적합시켰다. 2007년까지의 자료를 가지고 28개 관측소에 대해 $\xi(t)$가 시간에 따른 경향성이 있는지를 통계적 가설 검정했다. 시간에 의한 경향이 있는지 없는지를 가설 검정하기 위해서 우도비 검정(likelihood ratio test)을 실시하여 결론을 내린다. 이를 위해 먼저 ξ 와 β를 상수로 보고 구한 최대 로그 우도함수값과 ξ와 β를 시간의 함수로 보고 구한 최대 로그 우도함수 값의 차이를 계산한다. 만약 이 차이가 자유도가 d인 카이제곱 분포의 95 백분위수 $\chi_d^2(.05)$보다 크면 유의수준 5%에서 시간에 의한 경향이 있다고 결론 내린다. 여기서 자유도 d는 두 모형에서의 모수의 개수의 차이이다. 그 결과, 6개 지역(서울, 인천, 포항, 서산, 안동, 제천)에서 $\xi(t)$가 시간에 따라 증가하는 경향이 있었다. 그림 2.5는 이 중 포항, 인천, 안동의 년도에 따라 변화하는 자료와 비정상 GEVD로부터 구한 귀환수준의 값들을 보여준다.

2.3.2 r-GEV 분포 모형

각 구역에서 하나의 최대값만을 사용하지 않고 r개의 큰 값을 사용하는 모형을 고려할 수 있다. 이를 r-GEV 분포 방법이라고 한다. 이는 각 구역에서 최대값부터 시작해서 r번째 큰 값까지의 순서통계량(r-largest order statistics)의 결합분포를 구했더니 r-GEV 분포를 근사적으로 따

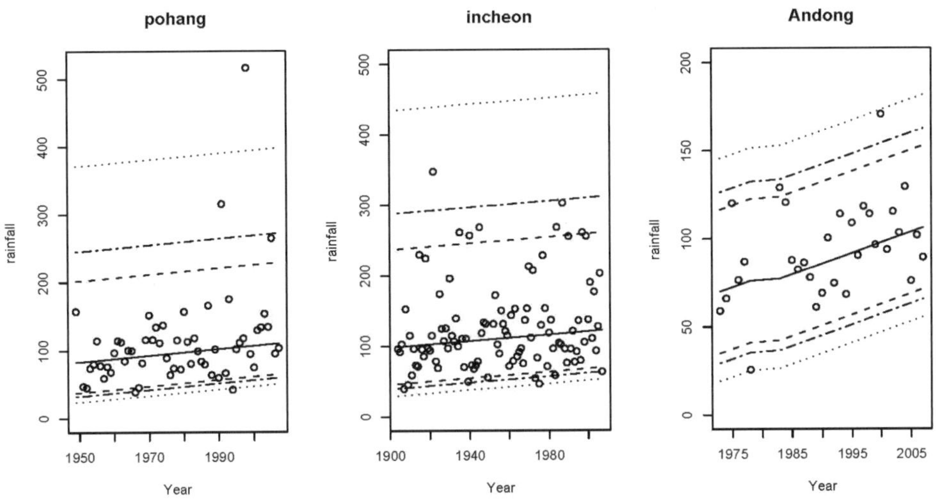

그림 2.10. 포항(1949-2007), 인천(1904-2007), 안동(1973-2007)의 년도에 따른 일일 최대 강수량의 변화 그림. 실선은 중위수선이고 50년, 100년, 200년 귀환수준의 선이 점선들로 그려져 있다.

른다는 이론에 근거하고 있다(coles, 2001). 이 접근법은 GEVD 경우보다 더 많은 자료를 사용하기 때문에 추론의 정확도를 증가시킬 수 있다. r-GEVD에 관한 계산은 R 프로그램의 ismev 패키지를 이용하는데, 구체적으로는 rlarg.fit이라는 함수를 사용한다.

표 2.4는 2011년까지의 일일 최대 강수량 자료에 대해 r-GEVD를 적합시킨 결과이다. 이때 r=3로 잡았다. 즉 3번째로 비가 많이 온 경우의 강수량까지를 고려했다는 말이다. 이 결과를 r=1인 GEVD에 적합시킨 결과인 표 2.1과 비교해보자. r-GEVD로부터 계산된 일일 최대 강수량의 귀환수준이 서울, 대구에서는 더 높았고 청주에서는 비슷했으며, 나머지에서는 더 낮았다. GPD의 결과인 표 2.2와 비교하면, r-GEVD로부터 계산된 일일 최대 강수량의 귀환수준이 서울, 대구에서

더 높았고 강릉과 울릉도에서는 비슷하고 나머지(청주, 대전, 포항)에서는 더 낮았다.

r-GEVD는 1-GEVD보다 더 많은 자료를 사용하고 두 번째와 세 번째 최대 강수량의 정보를 이용한다는 점에서 r-GEVD를 사용한 결과가 좀 더 믿을만하다고 여겨진다. 추정치의 표준오차의 측면에서 볼 때에도 r-GEVD의 추정치의 표준오차가 1-GEVD의 그것보다 더 작기 때문에 r-GEVD의 결과가 좀 더 신뢰할만하다고 하겠다.

여기서는 r을 3으로 잡았는데, r을 몇으로 잡을 것인가가 하나의 문제이다. 아직 확실히 알려진 최적의 방법은 없지만 분석의 목적에 따라 r을 다르게 잡을 수 있다. 만약 최대 강수량에 관한 추론을 더 중시한다면 r을 3 또는 4 정도로 잡을 수 있겠다. 반면 r번째까지의 강수량들의 전체적인 분포 또는 변화를 더 중시한다면 r=4에서 8 정도를 고려할 수 있겠다.

표 2.4. 우리나라 7개 지역의 일일 최대강수량에 대해 r-GEVD(r=3)를 적합시켜 얻은 결과로 모수의 최우추정치와 여러 가지의 귀환수준이다.

지역	위치모수 ($\hat{\xi}$)	규모모수 ($\hat{\beta}$)	모양모수 ($\hat{k}$)	10년	50년	100년	200년
강릉	114.2	45.4	0.30	261	454	570	712
서울	122.4	46.3	0.19	252	389	461	543
울릉도	83.9	27.1	0.09	151	210	237	266
청주	97.1	29.3	0.17	177	260	302	349
대전	108.3	36.1	0.14	203	294	339	388
포항	85.2	30.9	0.21	174	273	327	389
대구	84.0	27.7	0.10	153	215	244	275

r을 1부터 10정도까지 증가시켜 가면서 결과의 변화 추이를 보는 것도 한 가지 바람직한 분석 방법이겠다. r의 선택에 관한 연구로는 Bader 등(2017)의 논문을 참조하기 바란다. 그들이 개발한 'EVA' 패키지를 이용하면 최적의 r을 선택할 수 있다.

한편 저자와 공동연구자는 r-GEVD를 더 일반화시킨 r-K4D(four parameter kappa distribution for r-largest order statistics)를 개발하고 연구하였다(Shin and Park, 2023). 이는 r개의 순서통계량을 다룰 수 있는 기존 두 개의 후보 분포군(r-GEVD 및 r-Gumbel 분포)을 여러 개의 분포군으로 확장시켰다. 아울러 그림 2.11과 같이 새로운 r-largest 분포들을 포함하고 개발하는 계기가 되었다.

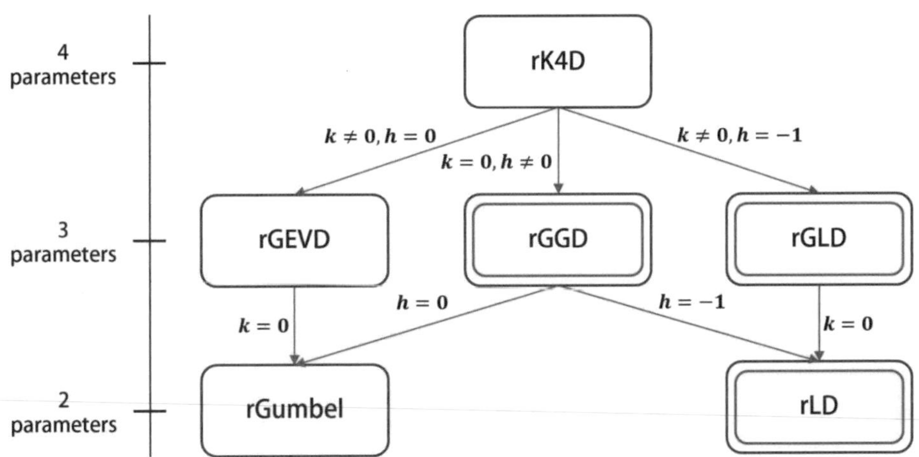

그림 2.11. r-largest 순서통계량을 다루는 4모수 카파와 새로운 3모수 분포들. rGGD: r-largest generalized Gumbel distribution, r-GLD: r-largest generalized logistic distribution, rLD: r-largest logistic distribution. Shin and Park(2023)에서 발췌함.

r-largest 분포의 이해를 돕기 위하여 r-K4D로부터 각 순서통계량의 marginal 분포의 PDF를 그려보면 그림 2.12와 같다. r-largest 분포가 극단값들의 순서통계량 값들을 한 번에 표현할 수 있음을 알 수 있다. 이런 측면에서 그 사용의 효용성이 크다고 생각한다.

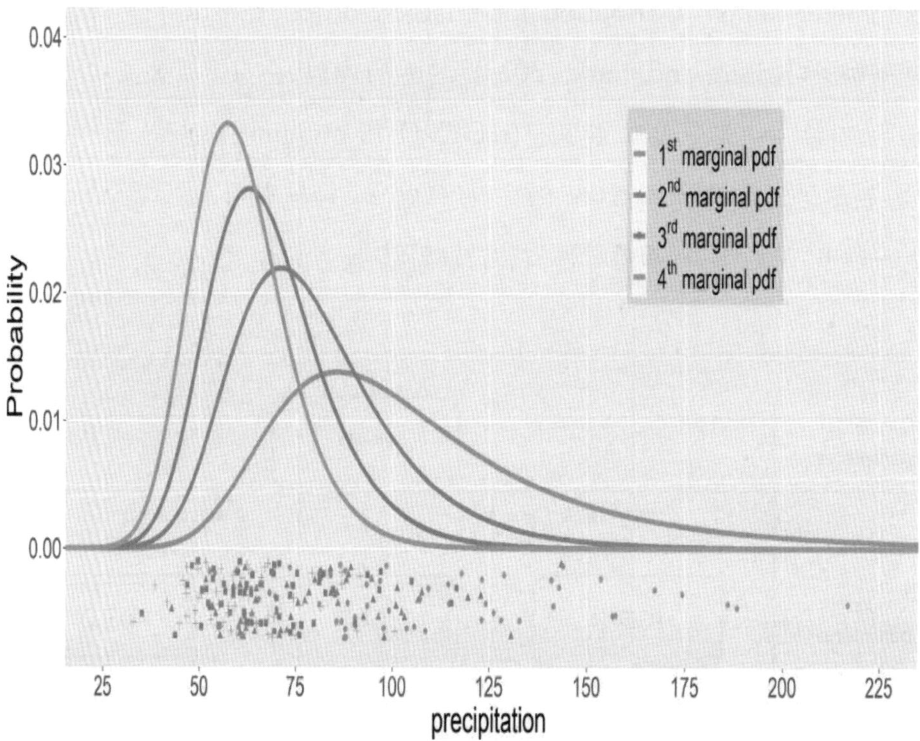

그림 2.12. r-largest 4모수 카파분포로부터 각 순서통계량의 marginal 분포의 확률 밀도함수 그림. Shin and Park(2023)에서 발췌.

2.3.3 극단모형의 적용상 유의점

실제 자료에 대해 GEVD나 GPD를 적합했을 때 잘 맞지 않는 경우가 생긴다. 예를 들어 백분위수 그림을 통해서 이런 부적합을 확인해 볼 수 있다. 이런 경우에는 극단자료에 적용되는 여타의 분포를 고려해 볼 수 있다. 예를 들어 r-GEVD, 일반화 로지스틱 분포(generalized logistic distribution), 4-모수 카파 분포, 웨이크비 분포(Wakeby distribution) 등이다. 마지막 두 개의 분포는 모수의 수가 4개와 5개이므로 GEVD보다 더 유연하게 자료를 적합시키는 장점을 가진다. 반면 과거에 주어진 자료를 너무 잘 적합함(overfitting)으로 인하여 과거와 약간 다른 미래의 상황의 예측이나 귀환수준의 정확한 추정에 어려움을 가져올 수도 있다. 그러므로 AIC나 BIC 같은 기준을 이용하여 과소적합(underfitting)과 과대적합을 피하는 적절한 분포 또는 모형을 선택하곤 한다.

참고문헌

기상청 홈페이지, http://www.kma.go.kr/index.jsp.

류상범, 박정수(2012), 기상통계론, 전남대학교출판부.

Bader, B., Yan, J. & Zhang, X. Automated selection of r for the r largest order statistics approach with adjustment for sequential testing. Statistics and Computing 27, 1435–1451(2017). doi: 10.1007/s11222-016-9697-3.

Coles, S.(2001). An Introduction to Statistical Modeling of Extreme Values, Springer, London.

Hosking JRM and Wallis JR(1997). Regional Frequency Analysis, Cambridge Univ Press.

Gomes, M.I., Figueiredo, F., Neves, M.M.(2013). Adaptive Choice of Thresholds and the Bootstrap Methodology: An Empirical Study. In: Lita da Silva, J., Caeiro, F., Natário, I., Braumann, C. (eds) Advances in Regression, Survival Analysis, Extreme Values, Markov Processes and Other Stat Appls. Springer, Berlin, doi:10.1007/978-3-642-34904-1_21.

Park, J.-S., H.-S. Kang, Y.-S. Lee, and M.-K. Kim, 2011: Changes in the extreme daily rainfall in South korea, Intern Jour Climat, 31. doi:10.1002/joc.5414.

Shin Y, Park J(2023) Modeling climate extremes using the four-parameter kappa distribution for r-largest order statistics, Weather and Climate Extremes, 39: 100533
doi: 10.1016/j.wace.2022.100533.

Thompson, P., Y. Chai, D. Reeve, J. Stander, 2009, Automated threshold selection methods for extreme wave analysis, Coastal Engineering, 56, 1013-1021.

CHAPTER 3

비정상 극단 모형

3.1 비정상 극단 모형 연구의 필요성

3.2 태국의 연간 최대 일일 강수량 자료 및 기후

3.3 비정상 GEV 모형과 통계적 방법론

3.4 태국 최대 강수량 자료에 적용한 결과

3.5 토론 및 결론

제3장

비정상 극단 모형*

강수 시계열의 비정상성(nonstationarity)은 장기간의 기후 변화로 인해 경향의 형태로 자주 나타난다. 본 장에서는 1984-2020년 사이에 태국의 71개 관측소와 1960-2020년 사이에 태국의 8개 관측소에서 관찰된 연간 최대 일일강수량(annual maximum daily precipitation; AMP1) 및 2일 강수량(AMP2) 데이터에 대한 비정상 모델을 구축한다. 특히 어떤 증가나 감소의 경향이 있는지를 확인한다. 이를 위해 제2장에서 다룬 일반화 극단값(GEV) 모델이 사용된다.

GEV 모델의 위치 및 규모 모수에 대해 총 16개의 시간 종속 함수를 고려한다. 각 지점에서 16개의 비정상(nonstationary; NS) 모델 후보 중에서 베이지안 및 아카이께(Akaike) 정보 기준을 사용하여

---

* 본 장의 내용은 다음 논문의 일부를 번역하여 재수록하였다. Prahadchai T, Shin Y, Busababodhin P, Park JS(2022). Analysis of maximum precipitation in Thailand using non-stationary extreme value models. Atmospheric Science Letters, e1145. https://doi.org/10.1002/asl.1145

모델을 선택한다. 선택한 모델로부터 귀환수준을 계산하고 미래를 예측한다.

3.1 비정상 극단 모형 연구의 필요성

금세기에 들어 여러 곳에서 지난 세기보다 폭우와 홍수가 증가하고 있다고 보고되었다[WHO(2021), IPCC(2012), Alexander(2016), Park et al(2016)]. 태국의 극한 강수는 계절 남서 몬순, 열대 수렴대 및 열대성 저기압과 관련하여 태국 전역에서 자주 발생한다. 예를 들어 남서 몬순은 5월에 시작되어 10월까지 인도양에서 태국으로 열대성 바람을 몰고 와서 전국에 종종 심각한 폭우를 뿌린다[TMD(2021)].

호우 시계열의 비정상성은 장기적인 기후 변화로 인한 어떤 경향이나 추세의 형태로 나타난다[Coles(2001), Obeysekera and Salas (2014)]. Lee와 Ouarda(2010)는 비정상 진동 모델을 사용하여 수문 극한의 장기 예측을 연구했다. Cannon(2010)은 수문기후학에서 NS 일반화 극단값(GEV) 분석을 위한 유연한 비선형 모델링 방법을 고안했다.

Salas와 Obeysekera(2014)는 홍수 관련 수리구조물을 설계하는데 비정상성을 합산하는 몇 가지 방법이 필요함을 보여주었다. 이러한 방법은 경향의 탐지 및 통계적 모델링과 수문학적 극단의 미래 예측에 적용된다.

이 장에서는 태국의 79개 지점에서 관측된 연간 최대 일일 강우량(AMP1) 및 2일 강우량(AMP2) 데이터에 NS GEV 모델의 적용을 제시한다. 제2절에서는 태국의 데이터와 기후를 간단히 기술한다. 3절에서는 16개의 모델을 고려한 NS GEV 모델링을 포함한 방법론을 제시한다. 4절에서는 최적의 NS 모델에서 예측한 귀환수준과 시간에 따른 변화를 보여주는 지도를 포함한 결과를 보고한다.

3.2 태국의 연간 최대 일일 강수량 자료 및 기후

그림 3.1은 태국을 포함한 인도차이나 반도의 지도인데 태국 내의 관측소와 기후 지역을 보여준다. 일일 강수량의 원래 데이터는 하루 00시부터 24시까지의 측정값으로 구성된다. 데이터는 1984년부터 2020년까지 71개 관측소로, 1960년부터 2020년까지 태국의 8개 관측소에서 기록된 것이다. 데이터는 태국 기상청(TMD)에서 확인할 수 있다.

그림 3.2는 일부 지점에 대한 AMP1의 능선(ridgeline) 플롯을 보여주며 괄호 안은 기후 지역을 가르킨다. 나라티왓(Narathiwat), 송클라(Songkhla), 나콘시탐마랏(Nakhon Si Thammarat), 트라드(Trad), 나콘파놈(Nakhon Phanom)과 같은 일부 지역에서는 하루에 400mm가 넘는 폭우가 내리는 것을 볼 수 있다.

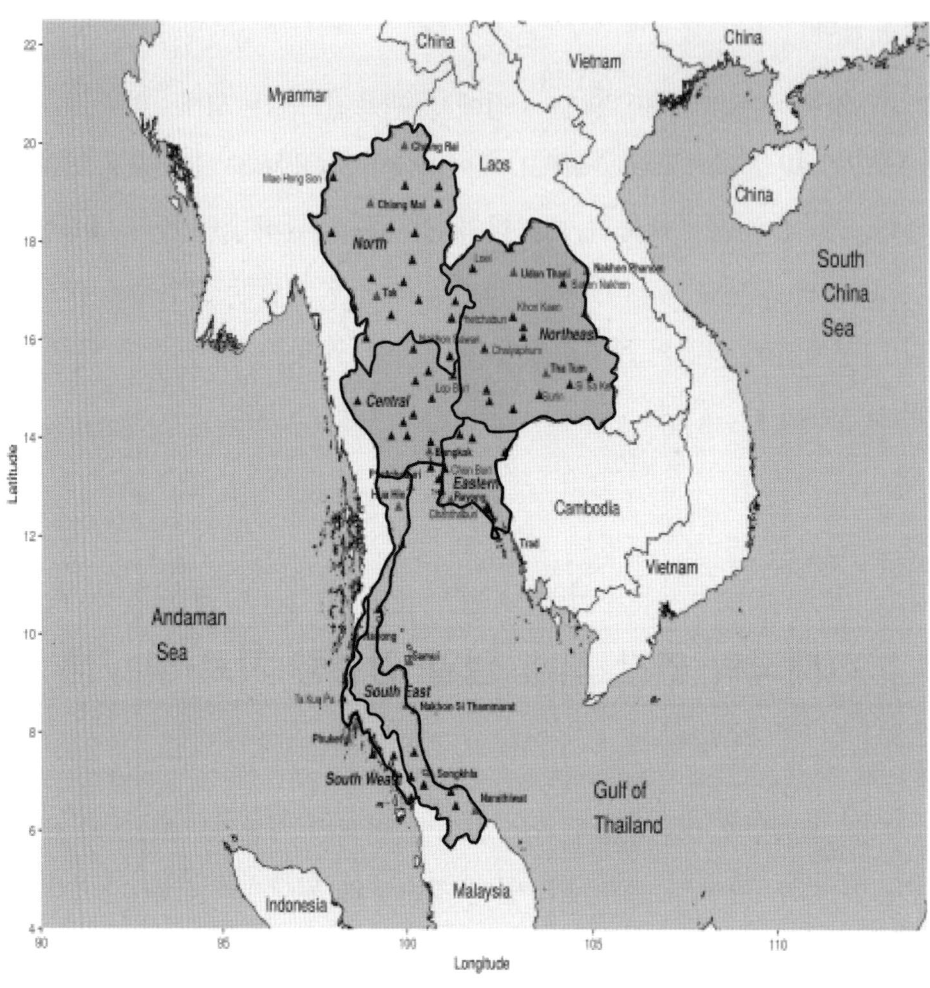

그림 3.1. 태국을 포함한 인도차이나 반도 지도. 태국 내의 79개의 관측소와 6개의 기후 지역을 다른 색상으로 표시했다.

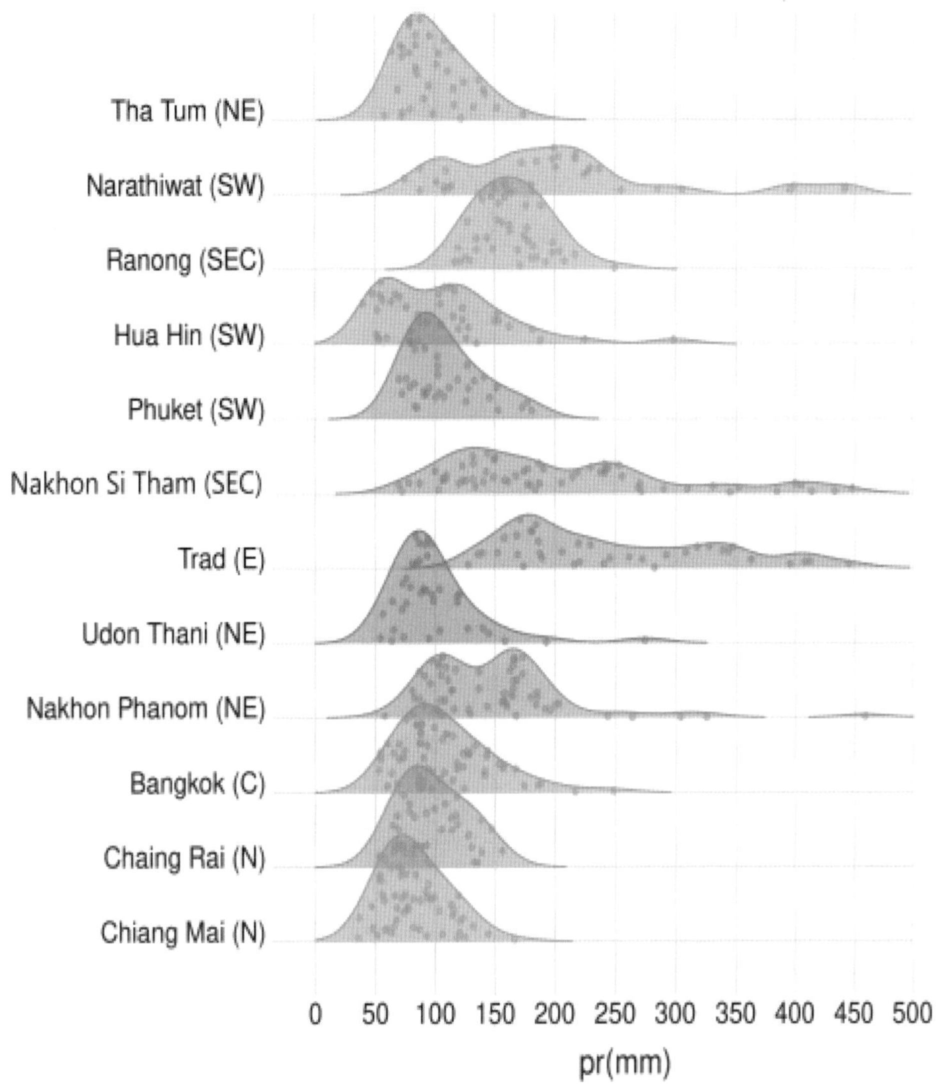

그림 3.2. 태국의 일부 관측소에 대한 연간 최대 일일 강우량(단위: mm)의 능선 그림. 괄호 안은 기후지역을 표시하는데, NE는 북동부, SW는 남서부, SEC는 남동해안, E는 동부, C는 중앙, N은 북부이다.

그림 3.3은 선택된 6개 지역(방콕, 치앙마이, 라농, 나라티왓, 타툼, 트랏)의 월별 강우량의 능선 플롯을 보여준다. 5월에서 10월까지 라농(Ranong)의 월 강수량이 많은 반면 그림 3.2에서 볼 수 있듯이 AMP1은 100mm에서 250mm 사이의 정규분포를 보인다. 특히 라농과 Narathiwat 사이의 6개 지점 간의 월별 분포 차이가 흥미롭다. 라농의 비는 남서 몬순(5월과 10월 사이)으로 인한 반면, Narathiwat의 비는 10월과 1월 사이의 남중국해의 열대성 저기압으로 인한 것이다. 태국기상청은 6개의 기후 지역을 다음과 같이 분류했다. 북부(20), 북동부(17), 중부(13), 동부(10), 남동부(13) 및 남서부(6)이며 괄호 안은 관측소 수이다.

태국기상청(TMD(2021))에 따르면 서남부 지역은 많은 비가 내리며 9월에 정점에 이른다. 남동부 지역에는 또 다른 많은 비가 내리는데, 11월에 절정을 보이고 이듬해 1월까지 계속된다. 10월과 1월 사이에도 남중국해의 사이클론이 해안으로 이동함에 따른 것이다. 8월에 동부에 위치한 Trad에서 최고의 월평균 강수량을 보였는데 이는 976mm이다. 남서부의 라농(Ranong)이 781mm, 북동부의 나콘파놈(Nakhon Phanom)이 555mm로 뒤를 이었다. 12월 평균 강우량은 북동부 Tha Tum 지점이 1.1mm, Roi Et 관측소가 1.5mm, Surin이 1.6mm로 가장 낮았다 (Tomkratoke and Sirisup, 2021).

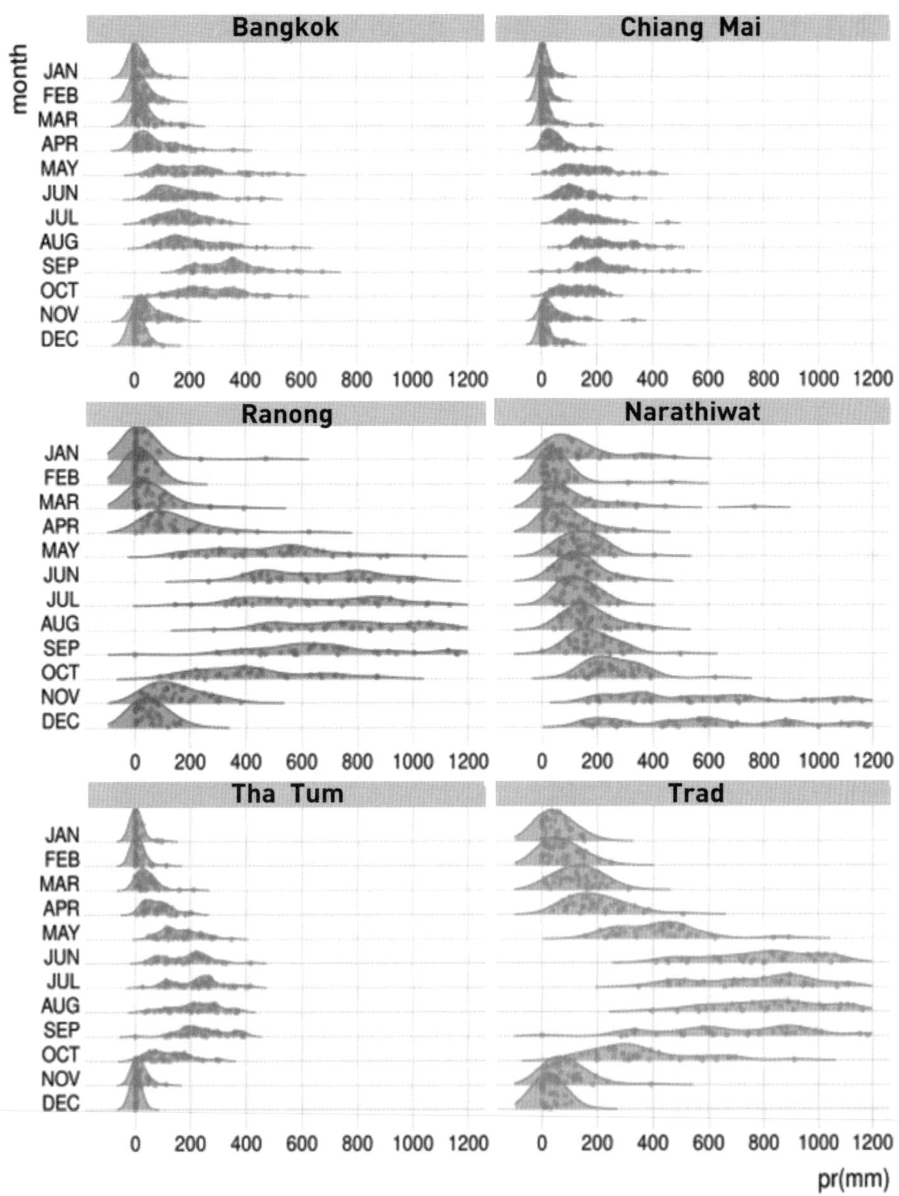

그림 3.3. 태국의 6개 관측소(방콕, 치앙마이, 라농, 나라티왓, 타툼, 트랏)에 대한 월별 강우량(단위: mm)의 능선 플롯.

3.3 비정상 GEV 모형과 통계적 방법론

3.3.1 극한값에 대한 시간 종속 모델

본 장에서는 최대 강우 데이터를 분석하기 위해 일반화된 극단값 분포(GEVD)를 사용한다. 정상(stationary) 모형인 경우 GEV00 또는 GD00 같은 표기를 사용한다. 여기서 고려한 비정상 모델은 표 3.1과 같다. 총 16개의 모델로 구성되어 있다. GEVD의 8개 모형과 GD의 8개 모형이다. 비정상 함수에 따라 모델을 구분하기 위해 모델을 Mij 로 표기한다. 여기서 $i=0,1,2,3$은 각각 $\mu(t)$의 상수, 선형, 2차 및 지수 함수에 대한 모델이다. $j=0,1$인 모델은 각각 $\sigma(t)$의 상수 및 지수 함수에 대한 것이다. $\sigma(t)$에 지수함수를 쓰는 이유는 $\sigma(t)$가 항상 양수 값을 갖도록 하기 위함이다. 모양 모수 ξ를 시간의 함수로 모델링하는 것은 일반적으로 비현실적이다[Coles(2001)]. 따라서 GEVD에 대해 상수로 설정하거나 GD에 대해 0으로 설정한다. 표 3.1에서 t_0은 각 지점에서 관측기록이 시작되는 연도를 의미한다.

3.3.2 모수 추정 및 모델 선택

다른 모수 추정 방법에 비해 최대우도추정(MLE) 방법의 장점은 시간 종속성 또는 많은 변수를 포함하는 모델 구조의 변화에 대한 유연성과 적응성이다[Coles(2001)]. NS(nonstationary) GEV 모델의 경우 모수에 대한 우도함수를 최대화하여 추정하는 MLE 방법으로 모수를 추정한다. 우도함수를 최대화하기 위해 R 패키지[Coles(2001)]의 'ismev'에서 Nelder-Mead의 알고리즘에 기반한 수치적 최적화 루틴(gev.fit) 내의 optim 함수를 사용했다.

표 3.1. 시간에 의존하는 비정상 극단값 모델에 대한 모수의 형태.

Models	$\mu(t),\ \sigma(t)$	Parameters	
		σ	ξ
M00 :	$\mu=\mu_0$	Constant	{Constant or 0}
M10 :	$\mu=\mu_0+\mu_1\times(Year-t_0+1)$	Constant	{Constant or 0}
M20 :	$\mu=\mu_0+\mu_1\times(Year-t_0+1)+\mu_2$ $\times(Year-t_0+1)^2$	Constant	{Constant or 0}
M30 :	$\mu=\mu_0+\mu_1\times e^{-\mu_2\times(Year-t_0+1)}$	Constant	{Constant or 0}
M01 :	$\mu=\mu_0$ $\sigma=\exp(\sigma_0+\sigma_1\times(Year-t_0+1))$		{Constant or 0}
M11 :	$\mu=\mu_0+\mu_1\times(Year-t_0+1)$ $\sigma=\exp(\sigma_0+\sigma_1\times(Year-t_0+1))$		{Constant or 0}
M21 :	$\mu=\mu_0+\mu_1\times(Year-t_0+1)+\mu_2$ $\times(Year-t_0+1)^2$ $\sigma=\exp(\sigma_0+\sigma_1\times(Year-t_0+1))$		{Constant or 0}
M31 :	$\mu=\mu_0+\mu_1\times e^{-\mu_2\times(Year-t_0+1)}$ $\sigma=\exp(\sigma_0+\sigma_1\times(Year-t_0+1))$		{Constant or 0}

우리는 아카이께 정보 기준(Akaike information criterion; AIC)와 베이지안 정보 기준(Bayesian information criterion; BIC)을 사용하여 적합한 모델을 선택한다. AIC 또는 BIC가 가장 작은 모델이 선택된다. 모델에 대한 AIC는

$$\text{AIC} = -2 \times \log L + 2k \tag{3.1}$$

로 정의되며, 여기서 L은 우도 함수이고 k는 모델에 사용된 모수의 개수이다. 샘플 크기 n에 따라 달라지는 BIC는

$$\text{BIC} = -2 \times \log L + k \log(n) \tag{3.2}$$

로 정의된다. 두 정보기준에서 $-2 \times \log L$에 2k 또는 k log(n)을 더해주는 이유는 모수의 개수에 대해 벌점(penalty)을 주기 위함이다. 즉 모수의 개수가 증가할수록 정보기준의 값이 높아져서 선택에 불리하게 된다. 일반적으로 모델 내에 모수의 개수가 많아지면 자료에 적합을 잘하겠지만 과대적합의 위험이 있으므로 이를 경계하기 위함이다.

Kim 등(2017)은 BIC가 정상 GEV 모델에 대해 잘 수행되었다고 보고했다. 그들은 AIC가 상대적으로 작은 표본의 NS GEV 모델에 대해 BIC보다 더 나은 성능을 보였다고 주장했다. 한 모델에서 AIC 가 낮다고 하여 BIC도 꼭 낮아지는 것은 아니며, 그 반대의 경우도 마찬가지이다. 따라서 각 모델에 대한 AIC 순위(RankAIC)와 BIC 순위(RankBIC)를 계산할 수 있다. 선택한 모델에 대한 해당 순위를 보조 정보로 제공되는 게 바람직하다(표 3.2 참조).

3.3.3 모형 진단 및 적합도 검정

비정상 GEV 모델의 경우 모델 진단 및 적합도 검정은 일반적으로 적합된 모수 값을 대입한 후, 변수를 정상 모형의 것으로 변환하여 사용할 수 있다[Coles(2001)]. 주어진 자료 x_t가 NS GEV 모델을 따르는 경우, 정상 변환은 $\tilde{x}_t$는 다음과 같이 정의된다.

$$\tilde{x}_t = \frac{1}{\hat{\xi}} log\left\{1 + \hat{\xi}\left(\frac{x_t - \hat{\mu}(t)}{\hat{\sigma}(t)}\right)\right\} \tag{3.3}$$

이는 정상 표준 검블분포($\mu = 0,\ \sigma = 1$)를 따른다[Naghettini(2017)]. 주어진 자료 x_t가 NS 검블 모델인 경우, 정상 변환은 다음과 같다.

$$\tilde{x}_t = (x_t - \hat{\mu}(t))/\hat{\sigma}(t).$$

이 또한 정상 표준 검블분포를 따른다. 이렇게 정상분포로 변환된 자료에 대해 이제 Q-Q 그림과 Kolmogorov-Smirnov 검정과 같은 적합도 검정이 가능해진다.

3.3.4 귀환수준

각 지점에 대해 최적의 모델을 결정한 후 다음 단계는 T년에 한 번만 평균적으로 초과하는 수준인 귀환수준(z_T)을 도출하는 것이다[Coles (2001)]. T 귀환기간에 대한 '전통적인(conventional or effective)' 귀환수준의 공식은 다음과 같다.

$$z_T(t) = \begin{cases} \mu(t) - \dfrac{\sigma(t)}{\xi}\left[1 - y_T^{-\xi}\right], & \text{for } \xi \neq 0; \\ \mu(t) - \sigma(t)\log y_T, & \text{for } \xi = 0, \end{cases}$$

여기서 $y_T = -\log(1 - 1/T)$이다. 귀환수준의 표준오차를 계산하기 위해서 보통 대표본에서의 점근적 계산인 델타방법을 사용하거나 붓스트랩을 이용한다. 델타방법은 사용이 간편하지만 대표본에 기반하고 있어서 소표본인 경우에는 참값보다 작은 표준오차를 구해줄 가능성이 크기 때문에 유의해야 한다.

전통적인 귀환수준에 대비하여 비정상 모형에 대해 개발된 귀환수준은 최소 두 가지가 있다. 하나는 Olsen 등(1998)에 의해 소개된 기대되는 대기 시간(expected waiting time)으로서의 귀환수준이고, 다른 하나는 Parey 등(2007)에 의해 개발된 기대되는 사건 수(expected number of events)로서의 귀환수준이다. 이들에 대한 구체적인 기술은 Cooley (2013) 또는 Salas와 Obeysekera(2014)에 나와 있다.

3.3.5 추세에 대한 Mann-Kendall 검정

비정상 GEV 모델과 비교하기 위해 자료의 경향성을 Mann-Kendall (MK) 검정을 통해 알아본다. MK 검정은 어떤 모형을 가정하지 않은 비모수적 방법이기 때문에 선택된 비정상 모델과 비교하는 측면에서 유용하다. MK 검정은 일반적으로 시계열 데이터에서 단조 추세를 감지하는 데 사용된다. MK 검정에서 가설은 다음과 같다.

귀무 가설 H0: X_t에 단조 추세 없음.

대립 가설 H1: X_t에 단조 추세 있음.

자료를 x_i로 표기하면 MK 검정통계량은 다음과 같다[Naghettini (2017)].

$$S = \sum_{k=1}^{n-1} \sum_{j=k+1}^{n} sign(x_i - x_k),$$

여기서 sign(x)는 x가 양수이면 1, x가 음수이면 -1을 갖는다. MK 검정통계량 S가 양수이면 증가 추세를 나타내고 S가 음수이면 감소 추세를 나타낸다. 실제 검정은 다음과 같은 표준화된 MK 검정통계량 Z를 이용하여 다음과 같이 구해진다;

$$Z = \frac{S}{\sqrt{Var(S)}}.$$

위 공식에서 분모의 S 대신에, S가 양수이면 S-1을 사용하고, S가 음수이면 S+1을 사용하기도 한다. Var(S)의 공식은 복잡하므로 여기서는 생략한다.

대립가설에서의 추세는 보통 증가나 감소 둘 다를 포함하므로 이 검정은 양측검정이 된다. 따라서 표준화된 MK 검정통계량 Z의 유의수준 α에서의 H0 기각역은 다음과 같다.

$$|Z| > z_{\alpha/2},$$

여기서 $z_{\alpha/2}$는 표준정규분포의 100×(1−α/2) 백분위수이다. 우리는 실제 자료분석을 위해 Pohlert(2020)에 의해 제공된 R 패키지 'trend'를 사용하였다.

3.4 태국 최대 강수량 자료에 적용한 결과

3.4.1 선택된 비정상 극단 모형

AMP1의 경우 79개 관측소 중 32개(14개) 지점에서 가장 작은 AIC(BIC) 값을 갖는 NS GEV 모델이 선택되었다(표 3.2 참조). 그러나 MK 테스트에서는 12개 지점에서만 추세가 있는 것으로 나타났다. 표 3.2에서, 유의수준(α)을 0.1 및 0.05로 설정하고 유의 수준보다 작은 p-값(단조 경향이 있는 경우)에 대해 각각 '*' 및 '**'로 표기했다. BIC 대신 AIC를 활용하면 NS 모델을 더 많이 선택하는 경향이 있다.

표 3.2. 연간 최대 일일 강우량에 대한 Mann-Kendall(MK) 테스트와 가장 작은 베이지안 정보 기준(BIC) 및 Akaike 정보 기준(AIC)에 의해 선택된 최적의 모델(BM)의 결과. RankAIC(RankBIC)는 BIC(AIC)가 선택한 모델에 대한 AIC(BIC)의 순위이다.

Station	MK	$Model_{BIC}$ $(Rank_{AIC})$	$Model_{AIC}$ $(Rank_{BIC})$
Bangkok	**	GD00 (3)	GD10 (2)
Bua Chum	*	GD00 (4)	GD10 (2)
Chaiyaphum		GEV30 (1)	GEV30 (1)
Chanthaburi		GEV00 (2)	GEV01 (3)
Chiang Mai	**	GD10 (4)	GEV11 (4)
Chumphon	**	GD00 (6)	GD10 (2)
Kamphaeng Phet		GEV00 (3)	GEV01 (2)
Lampang		GD00 (2)	GD10 (2)
Lun Ta (Krabi)		GD00 (2)	GEV20 (6)
Mae Sa Riang		GD01 (2)	GD11 (4)
Maha Sarakham		GD01 (1)	GD01 (1)
Nakhon Phanom	**	GD01 (1)	GD01 (1)
Nakhon Si Tham.		GD10 (2)	GEV10 (2)
Pattaya		GD00 (4)	GD31 (6)
Phayao	*	GD00 (1)	GD00 (1)
Phitsanulok		GD01 (3)	GEV30 (6)
Phliu Agromet	**	GD10 (7)	GD31 (10)
Prachin Buri		GEV00 (2)	GEV30 (2)
Rayong		GD10 (1)	GD10 (1)
Roi Et		GD10 (2)	GD20 (3)
Sakon Nakhon	*	GEV00 (2)	GEV10 (2)
Samui		GEV00 (2)	GEV10 (2)
Si Sa Ket	*	GD00 (2)	GD10 (2)
Tha Tum		GD00 (2)	GD01 (2)
Trang	*	GD00 (8)	GEV20 (6)
Ubon Ratchat.	**	GD20 (3)	GD31 (3)
Udon Thani		GEV00 (2)	GEV01 (2)
Wichianburi	**	GEV10 (1)	GEV10 (1)
MK and BM match ratio		79.75%	72.15%

*: p 〈 0.1, **: p 〈 0.05.

표 3.2에서 RankAIC(RankBIC)는 BIC(AIC)가 선택한 모델에 대한 AIC(BIC)의 랭크이다. MK 테스트와 최상의 모델(BM) 간의 일치 비율은 AIC가 72.2%이고 BIC가 79.8%이다.

표 3.3은 AMP1 데이터에 대해 BIC 기준으로 선택한 비정상 GEV 모델에서 계산된 모수 추정값과 괄호 안의 표준 오차를 나타낸다. 표준 오차는 모수적 부트스트랩 기술에 의해 얻었다. KS 검정의 p-값은 식 (3.3)과 같이 변환된 데이터에서 정상 모델로 구한다.

표 3.3. 태국의 연간 최대 일일 강우량 데이터에서 가장 작은 베이지안 정보 기준(BIC)으로 선택된 비정상 극단 모형, 모수 추정값 및 괄호 안의 표준 오차. KS는 Kolmogorov-Smirnov 검정 통계량을 나타낸다.

Station Name	Model	μ_0	μ_1	σ_0	σ_1 or ξ	KS(p-value)
Chiang Mai	GD10	58.4(5.1)	0.53(0.14)	18.82(1.97)	0	0.07(0.89)
Lop Buri	GD01	83.8(2.9)		3.68(0.27)	σ_1=-0.04(0.01)	0.14(0.40)
Mae Sa Riang	GD01	57.7(2.3)		2.09(0.27)	σ_1=0.03(0.01)	0.11(0.72)
Maha Sarakham	GD01	88.1(4.0)		2.77(0.26)	σ_1=0.02(0.01)	0.1(0.83)
Nakohn Phanom	GD01	133.9(5.4)		4.22(0.20)	σ_1=-0.01(0.01)	0.07(0.88)
Nakohn Si Tham.	GD10	123.6(19.7)	1.44(0.56)	73.27(7.70)	0	0.07(0.92)
Phitsanulok	GD01	82.8(3.2)		3.49(0.24)	σ_1=-0.03(0.01)	0.11(0.68)
Phliu Agromet	GD10	115.5(12.9)	1.46(0.61)	34.55(4.52)	0	0.1(0.79)
Rayong	GD10	84.1(7.9)	0.88(0.36)	21.75(2.79)	0	0.08(0.96)
Roi Et	GD10	85.0(8.4)	0.8(0.39)	22.59(3.00)	0	0.12(0.57)
Wichianburi	GEV10	69.3(5.5)	0.65(0.26)	16.32(2.31)	ξ=0.19(0.11)	0.08(0.97)
Yala Agromet	GEV10	98.2(10.0)	1.1(0.39)	32.14(5.48)	ξ=0.38(0.17)	0.08(0.96)
Chaiyaphum	GEV30	75.3(2.7)	-50.76(23.38) μ_2=0.44(0.20)	12.76(2.21)	ξ=0.33(0.19)	0.08(0.96)
Ubon Ratchat.	GD20	115.4(10.3)	-1.45(0.8) μ_2=0.03(0.01)	26.27(2.67)	0	0.14(0.15)

그림 3.4는 AIC에서 NS 모델이 선택된 4개 지점에서 1960년부터 2020년까지의 기간에 대해 그려진 확률밀도함수를 보여준다. 연도에 따른 밀도 함수의 움직임은 모델의 세부적인 비정상 패턴을 보여준다. 특히 치앙마이의 GEV11 모델과 우본랏차타니의 GD31 모델의 시간 경과에 따른 변화 패턴은 기후 변화 측면에서 매우 흥미롭다. 위치와 규모 모수는 치앙마이와 우본랏차타니에서 동시에 변하는 반면 방콕에서는 위치 모수만 변하고 나콘파놈에서는 규모 모수만 변경된다. 우본랏차타니에서는 2020년에 AMP1의 급격한 증가가 있는 반면 방콕에서는 느린 증가가 보인다.

그림 3.5는 6개 지점에 대해 2040년까지 과거에서 미래로 시간 변화에 따른 AMP1의 산점도를 보여준다. 플롯 위의 선은 선택된 NS GEV 모델에서 얻은 2년, 20, 50, 100 및 200년 귀환기간에 해당하는 귀환수준을 나타낸다. 치앙마이, Nakhon Si Thammarat, Yala Agromet, 우본랏차타니에서 규모가 증가하는 추세를 볼 수 있다. 위치와 규모의 동시 변화는 마하사라캄과 나콘파놈에서 관찰된다. 나콘파놈의 감소 추세는 주목할 만하다.

그림 3.6은 BIC로 NS 모델을 선택한 경우, 1990년, 2020년 및 2050년에 태국 AMP1의 50년 귀환수준의 변화를 보여준다. 매사리앙 등 북서부 지역과 마하사라캄 등 북동부 지역에 폭우가 증가하고 있다. 반면 Lop Buri 및 Phitsanulok을 포함한 중부 지역과 북동부 지역의 나콘파놈의 최대 강수량은 감소하고 있다. Nakon Si Tammarat와 Narathiwat를 포함한 남동부 지역의 최대강수량은 매우 많은 호우로 증가하고 있다. 하지만 $\mu(t)$나 $\sigma(t)$의 변화 추세가 미래에도 계속될 것으로 가정하는

것은 주의를 요한다. 우리의 관측치의 개수는 그리 많기 않기 때문이며 그에 따른 모형 선택과 미래 예측에도 불확실성이 크기 때문이다.

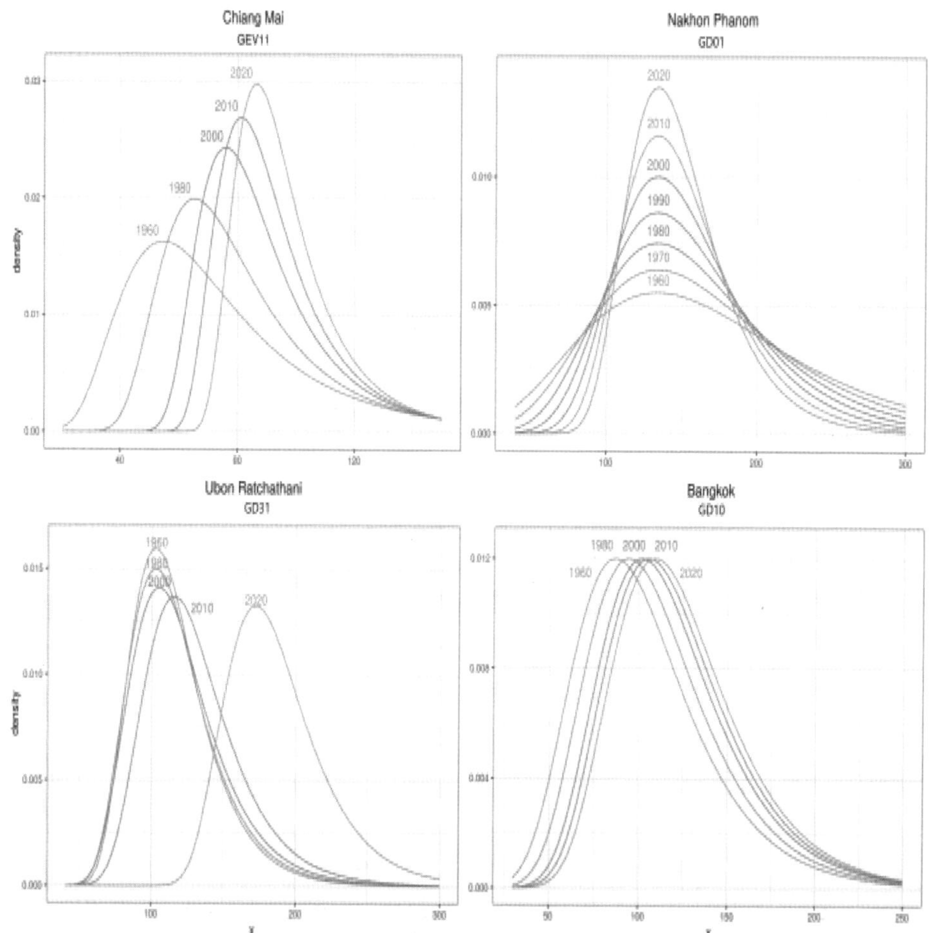

그림 3.4. 1960년부터 2020년까지 태국 4개 지점(Chiang Mai, Nakhon Phanom, Ubon Ratchthani 및 Bangkok)에서 최적으로 선택된 비정상 모델에 바탕하여 그린 연간 최대 일일강수량의 확률 밀도함수들.

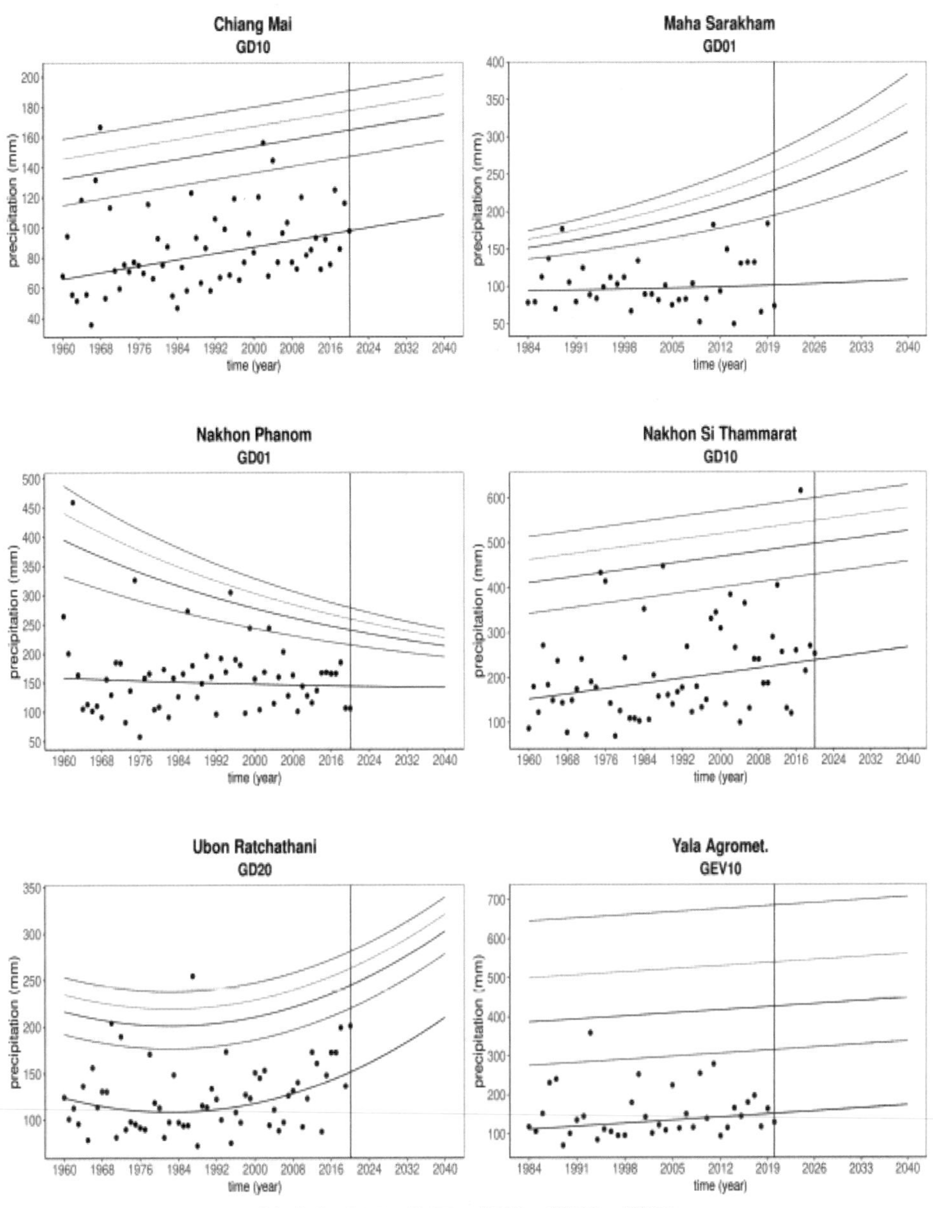

그림 3.5. 태국의 6개 지점에 대해 2040년까지 과거에서 미래로 시간 변화에 따른 연간 최대 일일 강우량(단위: mm)의 산점도. 실선은 귀환기간 2년, 20, 50, 100년 및 200년에 해당하는 귀환수준이다.

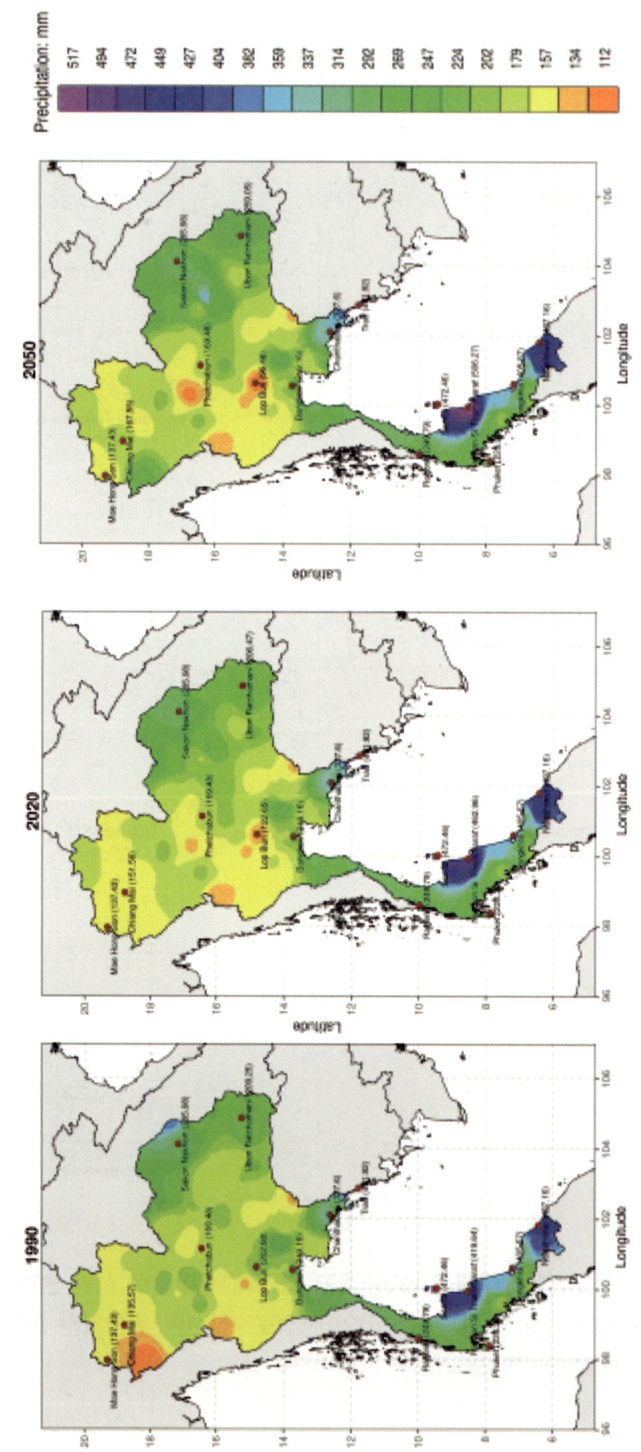

그림 3.6. 태국의 연간 최대 일일 강수량 데이터에 대해 추정된 1990년, 2020년 및 2050년도의 50년 귀환수준의 변화 지도.

3.5 토론 및 결론

일부 지점에 대한 귀환수준의 추정은 비합리적이고 견고하지 않은 것처럼 보일 수 있다. 이러한 현상은 NS GEV 모델의 최우추정치가 이상치의 영향을 너무 많이 받기 때문일 수 있다. 우리는 이것이 본 연구에 적용된 방법론의 한계라고 생각한다. 최우추정법 대신에 이상치에 영향을 적게 받는 다른 방법, 이른바 강건한(robust) 방법을 시도할 수 있다. 또는 하나의 최적모형을 선택하여 사용하는 대신 몇몇 좋은 모델들을 평균하여 사용하는 이른바 모델평균(model averaging) 또는 앙상블(ensemble) 기법을 적용하는 것도 바람직하겠다.

본 장의 결과는 다음과 같다. 79개 지점에서 AIC(BIC)를 기반으로 AMP1 데이터를 분석한 결과, 비정상 모델이 32(14)개의 곳에서 선택되었고, AMP2에 대해서는 비정상 모델이 28(12)개의 지점에서 선택되었다.

AMP1 및 AMP2 두 가지에 대해 귀환수준이 가장 높은 지점은 Trad, Samui 및 Narathiwat이다. 모델 선택을 위해 BIC를 사용할 때 극한의 일일강수량에서 10(4)개의 관측소에서 증가(감소)했다. AIC를 사용하는 경우 22(10)개 지점이 증가(감소)했다. 매사리앙 등 북서부 지역과 마하사라캄 등 북동부 지역에 폭우가 증가하고 있다. 반면 Lop Buri 및 Phitsanulok을 포함한 중부 지역과 북동부 지역의 나콘파놈의 최대 강수량은 감소하고 있다. Nakon Si Tammarat와 Narathiwat를 포함한 남동부 지역의 최대 강수량은 매우 많은 호우로 증가하고 있다.

<Example>에서는 R 프로그램을 사용하여 광주의 연도별 최대 일일 강수량 데이터로 non-stationary 모델을 만들어보려고 한다. 데이터는 Amp1이라는 이름으로 저장되어있으며 다음과 같이 연도(year), 연도별 일일 최대강수량(amp1)으로 구성되어 있다(상위 6개 데이터 예시). 데이터에 쓰인 연도는 1939년부터 2021년까지다.

	year	amp1
1	1939	76.9
2	1940	141.2
3	1941	115.8
4	1942	80.2
5	1943	168.1
6	1964	128.1

네 가지의 non-stationary 모델을 세워보기로 하겠다.

1. model 1: $\mu = \mu_0 + \mu_1 \times t,\ \sigma = \sigma_0$
2. model 2: $\mu = \mu_{0,}\ \sigma = \exp(\sigma_0 + \sigma_1 \times t)$
3. model 3: $\mu = \mu_0 + \mu_1 \times t$

   $\sigma = \exp(\sigma_0 + \sigma_1 \times t)$
4. model 4: $\mu = \mu_0 + \mu_1 \times t + \mu_2 \times t^2$

   $\sigma = \exp(\sigma_0 + \sigma_1 \times t)$

Example

############## R code ##################

library(ismev)

#시계열이므로 년도를 t로 단순하게 변환한다.

t=matrix(1:nrow(Amp1), ncol=1)

t2=cbind(t,t ^ 2) #t2에는 t제곱값 추가함(model 4를 위함)

shape parameter는 시간에 따라 변화하지 않고 상수로 둠.

#model 1: $\mu = \mu_0 + \mu_1 \times t,\ \sigma = \sigma_0$

model1=gev.fit(xdat=Amp1$amp1, ydat=t, mul=1)

#model 2: $\mu = \mu_{0,}\ \sigma = \exp(\sigma_0 + \sigma_1 \times t)$

model2=gev.fit(xdat=Amp1$amp1, ydat=t, sigl=1, siglink=exp)

#model 3: $\mu = \mu_0 + \mu_1 \times t,\ \sigma = \exp(\sigma_0 + \sigma_1 \times t)$

model3=gev.fit(xdat=Amp1$amp1, ydat=t, mul=1, sigl=1, siglink=exp)

#model 4: $\mu = \mu_0 + \mu_1 \times t + \mu_2 \times t^2,\ \sigma = \exp(\sigma_0 + \sigma_1 \times t)$

model4=gev.fit(xdat=Amp1$amp1, ydat=t2, mul=c(1,2), sigl=1, siglink=exp)

model1$mle; model2$mle; model3$mle; model4$mle

######################################

> 결과

```
[1] 108.4002416 -0.2851396 40.8847987 0.0471493
[1] 98.52508922 3.17412279 0.01393398 0.09112100
[1] 117.5094246 -0.4422659 6.0877224 0.0304967 11.3041457
[1] 138.05920 -3.615775 0.057380 3.447323 0.0138697 -0.00019827
```

결과를 보면 model 1에서 $\mu_0=108.40$, $\mu_1=-0.2851$과 model 2에서 $\sigma_0=3.1741$, $\sigma_1=0.0139$와 같이 모델별로 필요로 하는 모수의 개수만큼 추정치가 도출되는 것을 확인할 수 있다.

Alexander, L.V.(2016) Global observed long-term changes in temperature and precipitation extremes: A review of progress and limitations in IPCC assessments and beyond. Weath Clim Extrem, 11, 4–16.

Cannon, A.J.(2010) A flexible nonlinear modelling framework for nonstationary generalized extreme value analysis in hydroclimatology. Hydro Process, 24, 673–685.

Coles, S.(2001) An introduction to statistical modeling of extreme values: London, Springer.

Cooley D(2013). Return periods and return levels under climate change. In: AghaKouchak A, Easterling D, Hsu K, Schubert S, Sorooshian S(eds): Extremes in a Changing Climate. Springer.

Intergovernmental Panel on Climate Change(IPCC).(2012) Managing the risks of extreme events and disasters to advance climate change adaptation: special report of the intergovernmental panel on climate change. http://ipcc-wg2.gov/SREX/report/.

Kim, H., Kim, S., Shin, H., Heo, J.H.(2017) Appropriate model selection methods for nonstationary generalized extreme value models. Jour Hydro, 547, 557–574.

Lee, T., Ouarda, T.B.(2010) Long-term prediction of precipitation and hydrologic extremes with nonstationary oscillation processes. Jour Geophys Res:Atmos, 115.

Naghettini, M.(2017) Fundamentals of Statistical Hydrology: Switzerland, Springer.

Obeysekera, J., Salas, J.D.(2014) Quantifying the uncertainty of design floods under nonstationary conditions. Jour Hydro Enging, 19, 1438–1446.

Olsen J, Lambert JH, Haimes Y(1998) Risk of extreme events under nonstationary conditions. Risk Anal 18:497-510.

Parey S, Malek F, Laurent C, Dacunha-Castelle D(2007) Trends and climate evolution: statistical approach for very high temperature in france. Clim Change 81(3):331-352.

Park, C., Min, S.K., Lee, D., others.(2016) Evaluation of multiple regional climate models for summer climate extremes over East Asia. Clim Dyn, 46, 2469–2486.

Pohlert, T. (2020) Package 'trend' in R, version 1.1.4 https://cran.r-project.org/web/packages/trend/trend.pdf.

Salas, J.D., Obeysekera, J.(2014) Revisiting the concepts of return period and risk for nonstationary hydrologic extreme events. Jour Hydro Enging, 19, 554–568.

Thai Meteorological Department(TMD)(2021) General Climatic Conditions. https://www.tmd.go.th.

Tomkratoke, S., Sirisup, S.(2021) Influence and variability of monsoon trough and front on rainfall in Thailand. Intern J Climatol, 1–16. DOI:10.1002/joc.7263

World Health Organisation(WHO). Floods. https://www.who.int/health267topics/floods.html.

CHAPTER

4

공간적 극단 모형과 그 적용

제4장

공간적 극단 모형과 그 적용*

4.1 공간적 극단 모형의 필요성

장기간의 무더위나 집중호우 등 기상이변의 증가는 인간사회와 자연 환경에 큰 부정적인 영향을 미치고 있다. 예를 들어, 한국에서 2010년 여름에는 과거 30년 평균 여름 기온보다 높은 폭염이 81일 동안 지속되어 9월 중순까지 지속되었다. 그 결과 폭염일수가 평균보다 28% 높게 나타났다(KMA, 2010). 제 3장에서 다룬 모형은 시간에 따라 변하기는 하지만 관측지점에서 독립적으로 적합된 모형이기 때문에 주변 지점의 상황을 전혀 고려하지 않았다. 하지만 기온과 같은 기상 변인은 공간적으로 연결되어 있기 때문에 주변 지점의 관측값을 반영하는 모형을 세

* 본 장의 내용은 다음 논문의 일부를 번역하여 재수록하였다: Lee, Y., Yoon, S., Murshed, M.S. et al. Spatial modeling of the highest daily maximum temperature in Korea via max-stable processes. Advances in Atmos. Sci. 30, 1608-1620 (2013). https://doi.org/10.1007/s00376-013-2216-y

우면 더 정확한 예측이 가능할 것이다. 다시 말해, 한 지점에서 홀로 모형을 세워 예측하기 보다는 공간적 상관성을 활용하여 주변 지점과 함께 예측을 공조하면 더 나은 결과를 얻을 거라는 의미이다.

공간 데이터 분석의 경우, 중요 통찰력은 공간에서의 관측이 일반적으로 상호 독립적이라고 가정할 수 없으며 서로 가까운 지점에서의 관측은 유사할 가능성이 크다는 것이다. 이 통찰력으로부터 공간 의존성과 극한값 이론을 동시에 고려하여 모델링이 가능하다. 이 모델을 적용하여 관측된 데이터가 없는 위치에 대한 귀환 수준과 일부 지수를 예측할 수 있다. 본 장에서는 최대 안정 프로세스(max-stable process; MSP)를 기반으로 하며 공간 극단 데이터에 대한 통계적 추론을 도출하는 것을 목표로 한다.

공간 상황에서 극단값의 분석을 위한 방법으로는 여러 가지 접근법이 제시되었다. 수문학에서 자주 사용되는 RFA(regional frequency analysis), 가우시안 과정(Gaussian process; GP)을 활용하는 방법, 코플라(Copula)를 이용한 방법, 그리고 최대안정과정(MSP)를 이용한 방법 등이 그것이다(Cooley 등, 2012).

먼저 RFA는 전체 공간을 비슷한 분포를 가지는 소공간으로 나눈 다음, 그 공간 내의 자료들을 합하여 한꺼번에 분포에 적합시키고 가중평균을 이용하여 귀환수준을 예측한다. 이를 위해 군집분석을 활용한다(Hosking and Wallis, 1997; 허준행, 2016). 이 방법은 적용이 비교적 수월하고 L-적률법을 활용한 소프트웨어가 잘 개발되어 수문학 등에서 널리 사용되고 있다. 다만 비정상 모형에 곧바로 적용하는 데에는 한계가 있다.

가우시안 과정을 이용한 방법은 각 지역별로 극단 모형을 세운 다음, 그 모수나 귀환수준의 추정치에 대해서 GP를 적합시켜서, 그 적합된 GP를 매개로 전체 공간을 아우르는 방법이다. 이는 보통의 지리정보 시스템에서 다루는 크리깅(Kriging)과 비슷한 것으로 일종의 공간적 내삽(interpolation)을 활용하는 2단계 방법이다. 이 방법은 수월하게 적용이 가능하나, 비대칭 분포를 따를 것으로 예상되는 귀환수준에 대해 정규분포를 가정해야 하는 단점이 있다.

Copula 방법은 그 다양성과 유연성 때문에 2차원 이상의 변수들을 다루기에 매우 유용한 방법이다. 공간상의 각 지점을 하나의 차원으로 보고, n개의 지점이 있으면 이를 n차원 변수로 취급한다. 그리하여 극단값에 적용 가능한 여러 가지 Copula 함수 중에서 가장 적합한 Copula를 찾고 이를 전체 공간에 적용하는 방법이다. 다만 지점의 수인 n이 매우 큰 경우, 고려해야 할 차원이 커져서 다루기에 어려움이 생길 수 있다. 또한 Copula를 이용하는 경우 다차원 귀환수준의 적절한 정의에 대해, joint 귀환수준을 2차원에서 사용하긴 하지만, 아직 명쾌한 실용성이 확보되지 않아 보인다.

MSP 방법은 다차원 극단값 이론에 기반하고 있다. 일차원에서 모집단의 분포와 상관없이 표본의 극단값은 n이 커짐에 따라 일반화 극단값(GEV) 분포에 접근한다는 정리가 있다(Coles, 2001). 이 이론을 다차원 표본의 극단값에도 적용할 수 있는데, 그렇게 얻어진 분포를 다차원 일반화 극단값(multivariate GEV; MGEV) 분포라고 부른다. 그러나 이 MGEV 분포는 구체적인 분포 형태가 하나로 결정되어 있지는 않고, 여러 가지 형태를 가질 수 있다. 그런데 이 MGEV 분포를 무한대의 차원으로 확장한 것이 바로 MSP이다. 즉 MSP는 MSP의 유한 차원 모델이 언제나 MGEV 분포가 되는 모형이다(Beirlant 등, 2004). 따라서 실제의 경우, 우리는 무한 차원이 아니고 유한 차원(지점의 개수 n이 곧 차원의 수)을 다루기 때문에 MSP 모형을 사용함은 정확히 말해서 MGEV 분포를 적용함과 유사하다. 하지만 많은 경우 MSP 모형은 MGEV 분포를 직접 다루는 것보다 더 유연하다. 예를 들어 관측지점의 수이면서 동시에 차원에 해당하는 n이 변화하는 경우에 MGEV 분포 방법은 상당한 변화를 주어야 하나 MSP 방법은 이에 대해 수월하게 대응할 수 있다. 이러한 전개는 다차원 정규분포를 무한 차원으로 확대한 것이 GP이며, 우리는 다양한 자료에 비교적 손쉽게 GP를 적용하는 점과 비슷하다고 하겠다.

본 장에서는 56개 기상관측소의 데이터와 공간극단모델링을 이용하여 우리나라의 연간 최고 일최고기온(DMT)을 조사하였다. MSP의 단점은 고급의 통계학 이론에 바탕하여 명확한 밀도함수를 적을 수 없으며, 고려하는 공간이 동일한 특성을 가지고 있다는 비교적 강력한 가정이 필요하다는 점이다. 이 동일성 가정을 위해서 우리는 실제 분석에서는 남한을 4개 지역으로 나누고 각 지역에서 가장 적합한 모델을 구현했다. MSP 모델링의 장점은 관측 데이터가 없는 위치에 대해 더 정확한 귀환수준을 얻을 수 있다는 점이다.

4.2 Max-stable 과정

MSP(max-stable process)는 다변량 극단값 이론의 무한 차원 일반화이며 특히 시계열 또는 공간 프로세스의 맥락에서 적용할 수 있다. de Haan(1984)에 의해 소개된 이 이론은 많은 연구자에 의해 확장되었다[Smith(1990), Schlather(2002), de Haan과 Pereira(2006)]. MSP를 나타내는 Z(·)는 독립적이고 동일하게 분포된 d차원 랜덤 공간 $Y_i(x)$의 최대값의 극한 변수열(또는 프로세스)로 정의되며 다음과 같이 표현될 수 있다(de Haan, 1984).

$$Z(x) = \lim_{n \to \infty} \frac{\max_{i \le n} Y_i(x) - b_n(x)}{a_n(x)}, \tag{4.1}$$

여기서 $x \in R^d$이며, 정규화 상수인 $a_n(x) > 0$이고 $b_n(x) \in R$이다. 일변량 GEV 모델이 $n = 1$인 경우, 즉 일차원의 $Y(x)$에 대해 구해졌음을 상기하면, 위의 경우 MSP는 일변량 GEV 모델의 $n \to \infty$로의 직접적인 확장임을 알 수 있다. 즉, 무한대의 지점에서도 모델링이 가능한 연속 공간에서의 확률 프로세스이다.

실제 적용에서는 GEV의 모수를 공간에 적용한 것, 즉 모수 $\mu(x)$, $\sigma(x)>0$ 및 $\xi(x)$를 사용한다. 시간에 따라 모수가 변하는 비정상 모형과 유사하게 MSP는 공간에 따라 모수가 변하는 비정상 GEV 모델로 자연스럽게 구현된다. 모수 $\mu(x)$, $\sigma(x)$, $\xi(x)$는 각 지점에서 구해진 모수들로부터 적절한 회귀모형을 적합하여 구할 수 있다(Westra and Sisson, 2011).

K개의 공간 위치에서 일련의 관측값이 주어지면 MSP 모형화의 목적은 공간 종속성을 추정함과 아울러 모수 $\mu(x)$, $\sigma(x)$ 및 $\xi(x)$를 구하는 것이다. 그러나 K=2인 경우에서도 MSP의 분포 함수를 분석적으로 다루기 어렵다. 그래서 이론적으로 구해내진 못했지만 실제에 적용하는데 도움이 되도록 적절한 통계 모델 또는 특성화 방법이 제안되었다. Smith(1990)가 첫 번째 방법을 소개했고 Schlather(2002)는 나중에 다른 방법을 소개했다.

우리가 여기서 사용할 Schlather의 특성화는 다음과 같이 이변량 CDF로 표현된다.

$$\begin{aligned} V(z_1, z_2) &= -\log Pr\{Z(x_1) \le z_1,\ Z(x_2) \le z_2\} \\ &= \frac{1}{2}\left(\frac{1}{z_1} + \frac{1}{z_2}\right) \times \\ &\quad \left\{1 + \sqrt{1 - 2(\rho(h)+1)\frac{z_1 z_2}{(z_1+z_2)^2}}\right\}, \end{aligned} \tag{4.2}$$

여기서 h는 x_1과 x_2 사이의 거리이고 Pr{·}은 확률 함수를 나타낸다. 여기서 $\rho(h)$는 상관함수로서 0과 1 사이의 값을 갖는다. $\rho=0$은 극단값들의 독립성을 의미한다. 여기서는 공간 의존성을 고려하기 위해 다음과 같이 거리 h의 지수 공분산 함수 $\rho(h)$를 사용한다(Cressie and Wikle, 2011).

$$\rho(h) = \nu \exp\left\{-\left(\frac{h}{\tau}\right)^{\eta}\right\}, \tag{4.3}$$

$$0 < \eta \le 2,\ \tau > 0,\ 0 \le \nu \le 1,\ h > 0,$$

여기서 ν, τ 및 η는 각각 스케일 및 모양 모수이다. η는 보통 2로 고정되기도 하며, ν 와 τ는 자료로부터 추정되는데, 추정 방법은 다음 절에서 구체적으로 소개된다.

4.3 합성 우도와 추정

MSP에 대한 다차원 분포 함수를 찾는 것이 어렵기 때문에 합성 우도 추정 방법을 사용하려고 한다. 합성 우도 추정 방법은 고차원 분포는 구하지 못하지만 저차원 분포는 얻을 수 있을 때 사용할 수 있는 방법이다. 우리의 경우는 Schlather의 특성화를 이용한 이변량 밀도 함수를 사용하여 합성우도(composite likelihood; CL)를 구성한다. 차수 r=1,⋯,d의 합성 우도(CL) 함수는 다음과 같다.

$$CL_{\tau}(\psi)\,\Pi_{k=1}^{n}\,\Pi_{i_1<\cdots<i_{\tau}}\, f_X\left(x_{i_1(k)},\ \cdots,\ x_{i_{\tau}(k)};\psi\right), \tag{4.4}$$

우리의 경우인 r=2이면, $CL_2(\psi)$를 쌍별 합성우도(pairwise CL) 함수라고 부른다.

우도함수를 이용하므로 기존의 통계학 이론을 이용한 모수의 추정치의 표준오차를 점근적으로 구할 수 있다. 이를 구하는 구체적인 공식은 여기서는 생략한다. 그런데 쌍별 합성우도 방법을 사용하면 모델이 과소 지정된다(Ribatet, 2009). 다시 말해, 모수 함수 $\mu(x)$, $\sigma(x)$ 및 $\xi(x)$에 변수의 개수가 적게 들어가는 모형이 선택되는 경향이 있다. 따라서 Akaike 정보 기준(AIC) 대신 Takeuchi 정보 기준(TIC)을 사용하여 더 나은 모델을 선택한다. 더 자세한 내용은 Padoan 등(2011)이나 Davidson 등(2012)을 참조하기 바란다.

4.4 한국 최고 기온에 MSP를 적용

본 절에서는 1973년부터 2009년까지 국내 56개 기상관측소의 연간 최고 일일기온 자료(DMT)를 MSP 모델을 이용하여 연구하였다. 자료는 한국기상청(http://www.kma.go.kr)에서 입수했다. 표 4.1은 선택된 13개 지점에 대한 코드/이름 및 통계를 나타낸다. 대구, 산청, 강릉의 연간 최고 DMT 39ºC의 최대값을 나타낸 것이다. 여기서 IQR은 Inter-Quartile Range(사분위수 범위)로서 제3사분위수에서 제1사분위수를 뺀 값이다. 즉 $IQR = Q_3 - Q_1$인데, 이 값이 클수록 자료가 넓게 펴져 있음을 뜻한다. 표 4.1에서 L-skew는 앞 장에서 다른 L-적률비 중에 하나인 L-skewness를 의미한다.

표 4.1. Each station's code and name, sample statistics including minimum of annual highest DMT, sample median, IQR (interquartile range), sample L-skewness and maximum of annual highest DMT for 13 selected stations (units: ℃), where statistics are calculated from 37 years of data (1973-2009) for all stations.

Site	Name	Min	Median	IQR	L-skew	Max
105	Gangneung	31.8	36.0	1.7	-0.0892	39.3
108	Seoul	31.6	35.0	1.7	-0.1693	38.4
112	Incheon	29.5	33.6	1.6	-0.0790	37.2
133	Daejeon	32.2	34.4	1.5	0.0268	37.7
135	Chupungyeong	30.8	34.1	1.9	-0.0432	36.8
140	Gunsan	30.5	34.3	1.2	-0.2156	36.9
143	Daegu	33.9	36.5	2.2	0.0776	39.5
156	Gwangju	31.7	35.0	1.2	-0.0995	38.5
159	Busan	30.7	33.0	1.7	0.0512	36.7
165	Mokpo	29.5	34.0	1.6	-0.1543	37.0
168	Yeosu	29.4	32.8	2.1	0.0488	37.1
170	Wando	28.9	32.8	1.7	-0.0203	36.3
289	Sancheong	32.1	35.7	1.8	-0.0032	39.3

본 절에서 우리는 먼저 남한 전역에 대한 MSP 모델을 구성했다. 그러나 모델이 일부 도시의 데이터에 적합하지 않기 때문에 남한을 북서부, 북동부, 남서부 및 남동부 지역의 4개 지역으로 나눕니다(그림 4.1). 그런 다음 더 나은 적합도를 달성하고 각 지역에 가장 적합한 모델을 식별한다. 우리는 다양한 모수의 추정치와 표준 오차, 여러 귀환기간에 대한 귀환수준과 등고선 지도를 제시한다. MSP 모델링과 분석을 위해 R 소프트웨어의 Ribatet(2009)이 개발한 SpatialExtremes 패키지를 사용했다.

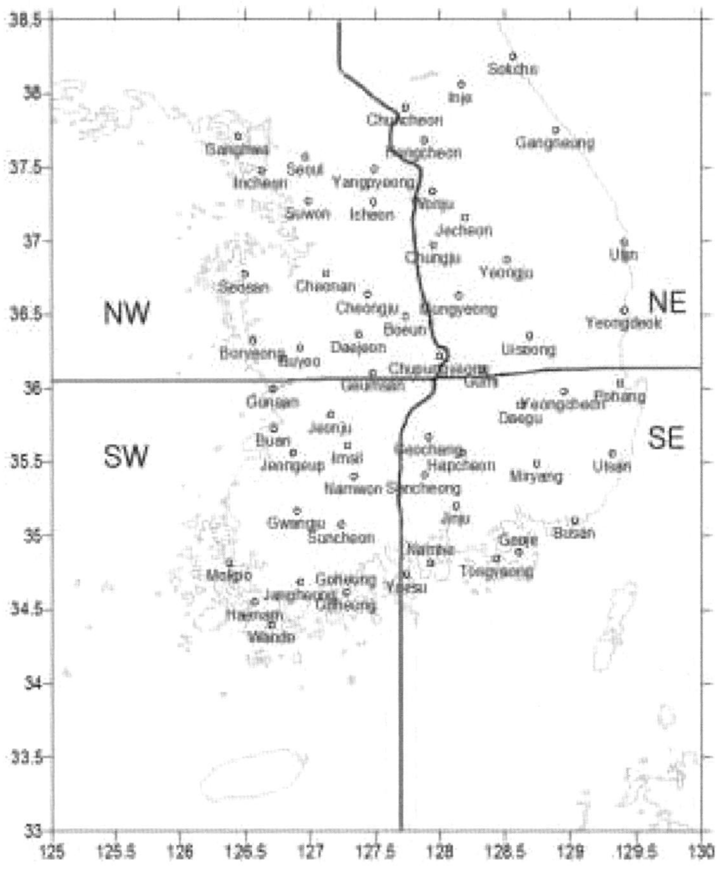

그림 4.1. Map of South Korea with 56 weather stations, and four regions: northwestern(NW), southwestern(SW), northeastern(NE), southeastern(SE).

지점별 GEV 모델링은 그 지점에서 한정된 자료를 이용해 모형을 적합시키기 때문에 이상치에 민감한 영향을 받는 단점이 있다. 반면 MSP 모델링의 한 가지 장점은 전체 공간의 자료를 한꺼번에 다루면서 모형을 세우기 때문에 자료수가 상대적으로 많아 어느 몇 지점의 몇 개의 이상치에 의한 영향을 덜 받는다는 점이다.

데이터 분석을 위해 다음과 같은 선형 변환을 사용하여 관측소의 지리 정보가 [0, 1]에 있도록 한다.

$$x_{new}(x) = \frac{x - \min(x)}{\max(x) - \min(x)}.$$

이것은 일종의 표준화인데, MSP 모델리의 계산상의 (추정치의 분산을 구하는 데 쓰이는 행렬의 역을 구하는 데) 안정성을 가져다준다. 자료에 따르면 위도, 경도 및 고도의 최소값과 최대값은 각각 (34.23ºN, 38.15ºN), (126.22ºE, 129.24ºE) 및 (1.3m, 263.1m)이다.

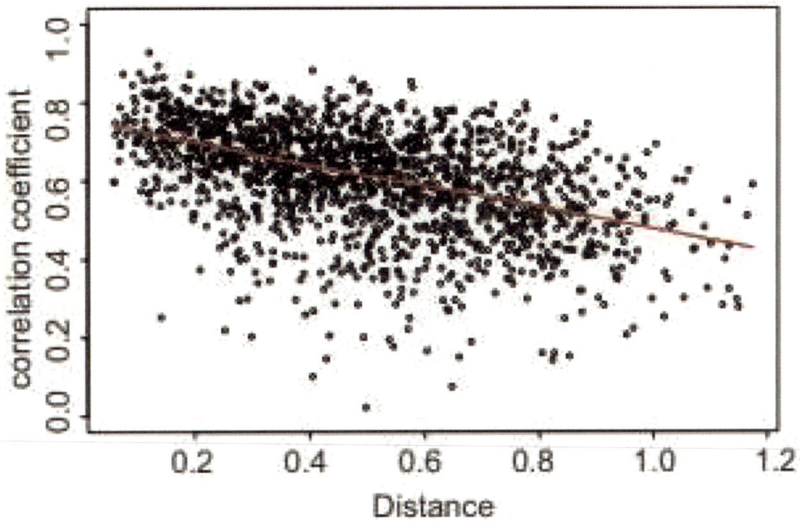

그림 4.2. Scatter plot of Spearman correlation coefficients versus Euclidian distances obtained between every two stations. A moderate spatial dependency is observed, which suggests that spatial modeling be better than independent modeling.

그림 4.2는 모든 두 관측소 사이에서 얻은, 유클리드 거리에 대한 Spearman 상관 계수의 산점도이다. 최고 일일 온도에 대한 중간 정도의 공간 의존성이 있으며, 이는 공간 모델링이 독립 모델링보다 더 나을 수 있음을 강력히 시사한다.

4.4.1 남한 전 지역에 대한 모형 적합

일변량 GEV 모델을 각 관측소의 온도 데이터에 대해 적합시켜 본 결과, 위치 모수는 일반적으로 위도와 선형 및 2차 관계가 있음을 알았다. 또한 고도 및 경도와도 선형 관계를 갖는다는 것으로 나타났다. 몇 가지 시도 후에 우리는 각각 해안까지의 거리와 도시화 효과를 고려하기 위해 공변량 “coast”와 “city”를 추가했다.

우리는 이러한 변수를 포함하여 위치 모수 $\mu(x)$에 대한 회귀 기반 형식을 작성했다. 여기서 x는 관측 지점을 나타내고 $coast(x)$는 가장 가까운 해안까지의 거리를 기반으로 한 범주화된 값(1에서 6까지)이다. 그리고 $city(x)=1990$년에 도시의 인구가 백만보다 크거나 같으면 1이고 그렇지 않으면 0이다. 규모 모수 $\sigma(x)$에 대해서도 회귀 모형을 잡았다. 모델 선택 절차를 통해 다음 모델을 얻는다.

$$\sigma(x)=\sigma_{0+}\sigma_{lat}\, lat(x)+\sigma_{lat2}\ lat(x)^2+\sigma_{coast}\, coast(x), \qquad (4.5)$$

여기서 $lat(x)$는 관측소 x의 위도이고 σ_0, σ_{lat}, σ_{lat^2}, σ_{coast}는 변수에

해당하는 회귀 계수이다. 여기서 첨자 lat^2는 변수 $lat(x)^2$에 대한 계수를 나타내는 데 사용된다. 이 장에서는 모양 모수 $\xi(x)$를 상수 ξ로 취급했다. 이는 앞 장에서 다룬 비정상 모형에서와 마찬가지 이유에서이다. 즉, 모양 모수를 변수에 따라 변화시키는 모형은 추정하기도 매우 어렵고 그 결과의 변화가 너무 커서 사실 비현실적이기 때문이다(Coles, 2001).

이제 이 모델을 남한 전체 자료에 대해 MSP를 적합시켰다. 그 결과 MSP 모델이 데이터에 잘 맞지 않게 나타났다. 또한 모델 선택 절차를 기반으로 얻은 결과에는 위치 및 척도 모수 함수에 "도시" 공변량이 포함되지 않았다는 점은 주목할 가치가 있다(다음에 기술하는 지역 모델의 경우에도 마찬가지). 이것은 Karl 등(1993)의 결과와도 비슷하다. 이와 관련하여 DeGaetano and Allen(2002)은 최고기온이 최저기온보다 도시화의 영향을 덜 받는다고 보고했다. 관측소에 대한 분위수(qq) 플롯은 모델이 만족스럽지 않음을 보여준다(여기에는 제시되지 않았지만 Lee 등(2012)에서 찾을 수 있음).

MSP 모델이 일부 도시의 데이터에 잘 맞지 않는 이유는 전체 지역에 대해 하나의 모델만 사용했기 때문이라고 판단하였다. 왜냐하면 MSP에는 대상 공간이 동일하다는 가정이 있는데 우리는 이 가정을 남한 전체에 적용하기는 무리 있다고 보았다. 따라서 더 나은 모델 적합성을 위해 관측소의 개수, 행정 정보 및 지리적 근접성을 고려하여 남한을 4개의 동일성을 확보할만한 지역으로 나누었다(그림 4.1 참조).

4.4.2 지역적 모형화와 진단

4개 지역[즉. 북서부(NW), 북동부(NE), 남서부(SW), 남동부(SE)에서 TIC를 사용하여 각 지역에 가장 적합한 모델을 선택했다. 여기에서는 Davison(2012)의 방식을 따라서 모양 모수를 $\eta=1.5$로 수정했다. 표 4.2는 모수의 추정치와 표준 오차를 보여준다.

56개 관측소에 대해 총 44개의 모수(NW: 11, NE:11, SW: 10, SE: 12)를 추정한다는 점에서 표본 크기에 대해 우려할 수 있다. 그러나 각 지역에 대해 최소 481[=37(년)×13(관측소)] 관측값을 고려하기 때문에 이것은 심각한 문제가 아닐 것이다(표 4.2 참조). ν의 추정치는 4개 영역에 대한 약한 너겟 효과를 나타냅니다. 여기에서 "너겟 효과"는 관측소 간격보다 작은 거리에서 측정 오류 및 변동을 나타낸다.

또한 4개 지역 모두에 대한 모양 모수 ξ의 추정치가 음수로 나왔는데, 이는 DMT 분포가 한정된 짧은 꼬리임을 말해준다. 표 4.2와 같이 각 영역에 대한 $\mu(x)$ 및 $\sigma(x)$를 모델링하기 위해 일부 공변량을 포함시켰다. $\mu(x)$의 경우 위도, 위도의 제곱, 고도가 4개 모델 모두에 포함되지만 일부 모델에는 경도와 해안 지역이 포함된다. $\sigma(x)$의 경우 경도는 영향을 미치지 않으며 고도는 SE 지역에만 약간의 영향을 미친다.

가능한 많은 회귀모형 중에서 이러한 공변량을 갖는 회귀모형의 선택을 위해 우리는 다음 알고리즘을 사용했다.

1. 먼저 σ를 상수로 설정한다.

2. 가능한 모든 형태의 $\mu(x)$를 고려하여 그 중 최소 TIC를 갖는 공변량의 조합을 선택한다.

3. 선택된 $\mu(x)$를 고정시킨다.

4. 가능한 모든 형태의 $\sigma(x)$를 고려하여 그 중 최소 TIC를 갖는 $\sigma(x)$에 대한 공변량의 조합을 선택한다.

각 지역별 MSP 모델을 사용하여 얻은 Q-Q 플롯은 남한 전체의 MSP 모델보다 데이터에 훨씬 더 잘 맞았다[Lee et al.(2012)].

표 4.2. Estimated parameters and standard errors for four regional models (n: the number of sites).

Parameters		Northwest (n=15)	Northeast (n=14)	Southwest (n=13)	Southeast (n=14)
$\rho(h)$	ν	0.74 (0.07)	0.88 (0.10)	0.81 (0.04)	0.69 (0.07)
	τ	0.80 (0.25)	0.23 (0.08)	0.59 (0.14)	0.91 (0.26)
$\mu(x)$	μ_0	37.40 (0.66)	30.34 (0.96)	32.27 (0.29)	32.25 (0.36)
	lat	-13.99 (2.01)	10.67 (2.41)	14.75 (1.07)	17.99 (1.56)
	lat^2	10.62 (1.63)	-7.35 (1.60)	-29.21 (2.20)	-12.36 (2.51)
	lon			5.31 (0.22)	
	lon^2		0.94 (0.22)		-1.81 (0.22)
	alt	-0.006 (0.0004)	-0.007 (0.001)	-0.008 (0.0005)	-0.008 (0.0006)
$\sigma(x)$	coast	-0.86 (0.03)	0.22 (0.05)		
	σ_0	1.23 (0.12)	1.61 (0.13)	1.76 (0.14)	2.05 (0.23)
	lat	0.42 (0.12)		-1.23 (0.18)	-1.61 (0.45)
	alt				-0.0007 (0.0003)
	coast	-0.03 (0.01)	-0.06 (0.01)		0.04 (0.02)
ξ	ξ	-0.24 (0.05)	-0.29 (0.05)	-0.26 (0.06)	-0.298 (0.05)

그림 4.3은 독립적인 GEV 분포(세로축)와 4개 지역에 대한 MSP 모델(가로축)에서 MLE 방법을 사용하여 추정한 모수 μ 및 σ에 대한 산점도를 보여준다. 표 4.3은 각 모수에 대한 독립 GEV 모델과 MSP 모델의 추정치 간의 Pearson 상관계수를 보여준다. 4개의 지역 모델에 있어서 μ의 추정치에서의 높은 상관관계와 σ 추정치에서의 중간 상관관계는 남한 전체에 대한 MSP 모델보다 지역별 MSP 모델이 더 우수함을 나타낸다. 남서 및 남동 지역의 σ 추정치는 대부분의 관측소에 대한 독립 (또는 국부) GEV 모델의 σ 추정치를 초과한다(그림 4.3). 이것은 MSP 모델이 한 사이트의 관측치를 사용하는 대신 인접 관측소의 많은 관측치를 설명할 수 있다는 증거를 제공한다.

MSP 모델링을 위한 또 다른 진단 도구로, 데이터에서 관찰된 그룹별 최대값을 적합된 MSP 모델에서 시뮬레이션된 값과 비교하는 것에 기반한 그룹별(groupwise) Q-Q 플롯이다(Davison, 2012).

표 4.3. Pearson correlation coefficients of parameters μ and σ estimated using the maximum likelihood estimation method from independent GEV distributions and from the MSP model for the entire region and for four subregions.

Region	corr ($\hat{\mu}$)	corr ($\hat{\sigma}$)
Entire	0.755	0.442
NW	0.929	0.693
NE	0.676	0.515
SW	0.946	0.758
SE	0.946	0.477

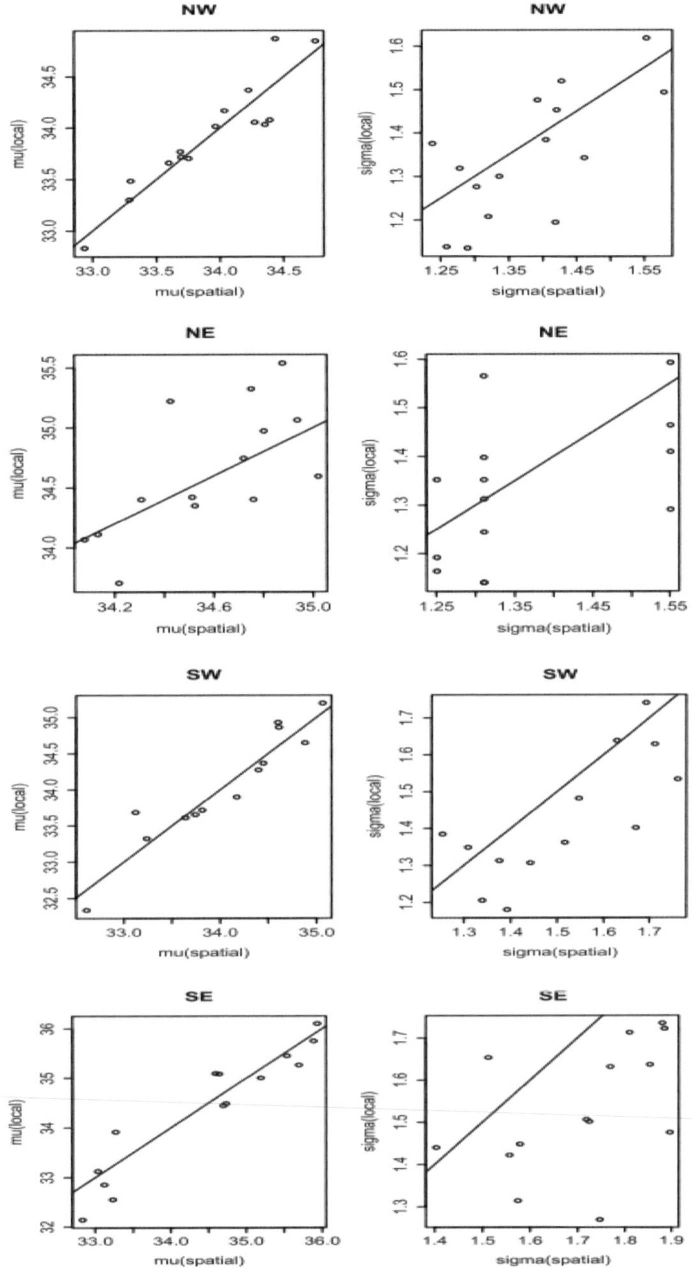

그림 4.3. Scatter plots of parameters μ and σ estimated using the MILE method from the independent GEV distribution (vertical axis) and the MSP model (horizontal axis) for four regions (units: ℃).

그림 4.4는 95% 신뢰수준에서 4개 영역에 대한 그룹별 Q-Q 플롯을 보여준다. 모델 분위수는 적합된 MSP 모델에서 시뮬레이션 (난수 발생) 된다. 그림 4.4를 보면, 여기서 분위수는 신뢰 영역 내에서 서로 잘 일치하므로 이러한 데이터에 대한 MSP 모델링이 적절함을 말해준다. 그룹별 Q-Q 플롯을 그리는 방법은 Lee 등(2012)을 참조하기 바란다.

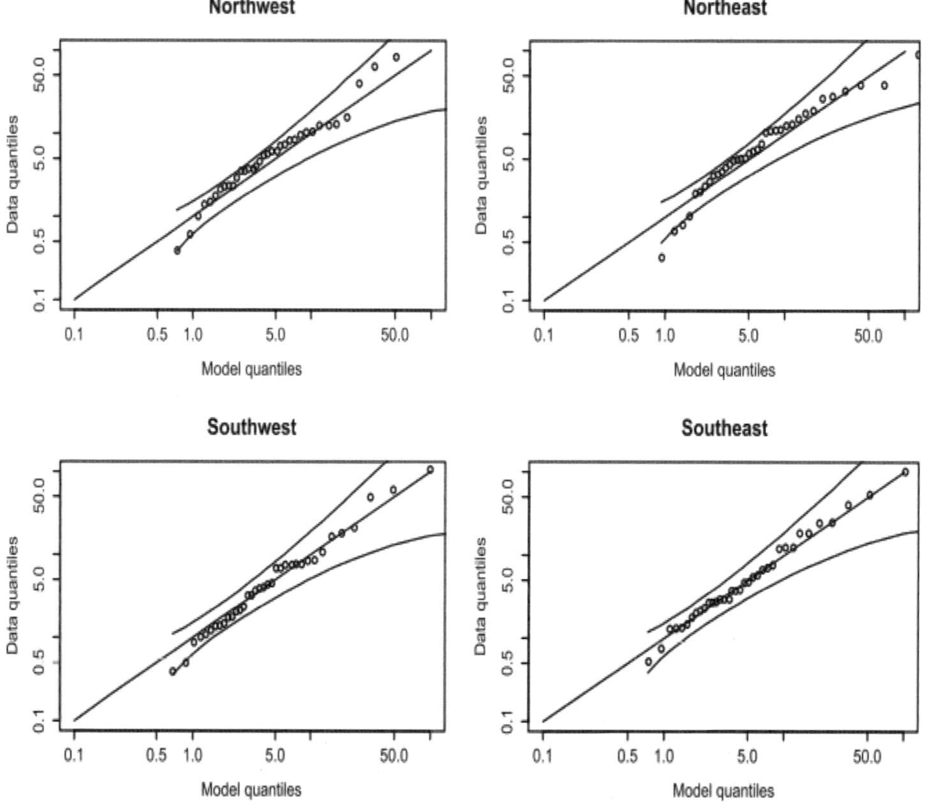

그림 4.4. Comparison of groupwise annual maxima with data simulated from fitted MSP models for four regions. The band in each panel indicates the 95% confidence band, and group of sites indicate four regions. The quantiles match each other well inside the confidence band, which means that the MSP modeling for these data is appropriate.

한편, 그림 4.5는 독립적으로 적합된 GEV 모델에서 얻은 그룹별 Q-Q 플롯을 보여준다. 여기에서 모델 분위수는 신뢰 영역 밖에 있고 데이터 분위수보다 크다. 즉, 모델은 공간 상관관계를 고려하지 않고 데이터의 그룹별 최대값을 과대 예측하고 있다. 이러한 결과(그림 4.4 및 그림 4.5)는 MSP 접근 방식이 독립적인 GEVD 접근 방식보다 적절하고 더 우수함을 나타낸다.

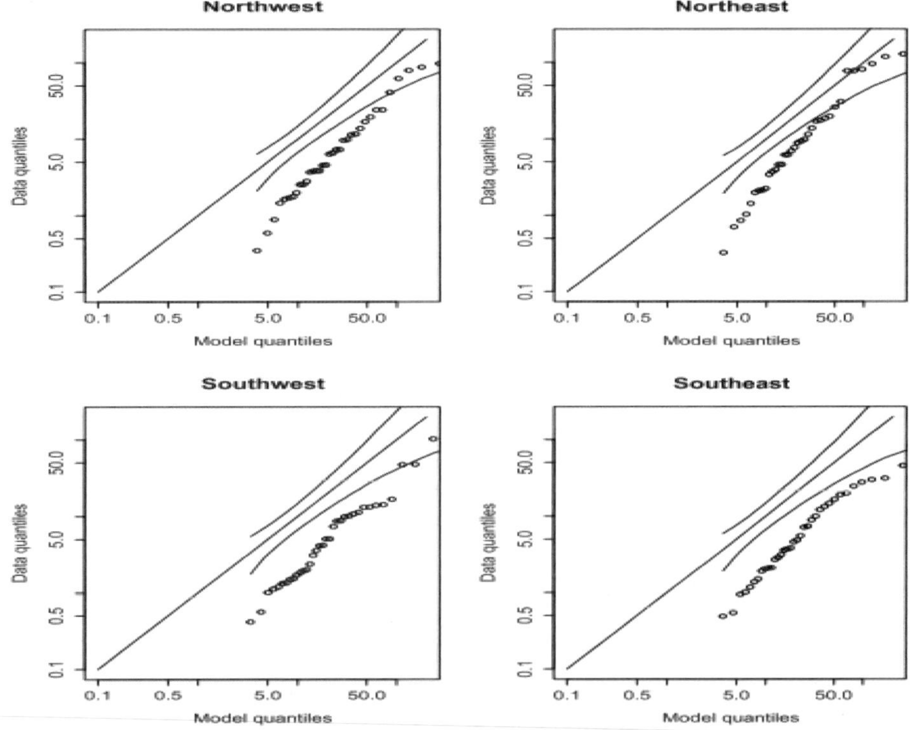

그림 4.5. Comparison of groupwise annual maxima with data simulated from independently fitted GEVD for four regions. The band in each panel indicates the 95% confidence band, and groups of sites indicate four regions. The model quantiles are outside the confidence band and greater than the data quantiles, which means that the model, without considering spatial correlations, over-predicts the groupwise maxima in the data.

4.5 자료분석 결과

4.5.1 귀환수준의 추정

지역 모델을 사용하여 여러 귀환기간(5, 10, 25, 50년)에 대한 연간 최고 기온의 귀환수준을 계산했다. 그림 4.7은 그 결과와 지도를 보여준다. T년의 귀환수준 RT는 평균적으로 T년에 한 번만 초과하는 수준이다(Coles, 2001). 지표 기온은 해당 지역의 고도, 지형 및 토양 수분과 같은 지역 기후 요인에 크게 영향을 받는 것으로 잘 알려져 있다. 연간 최고 DMT는 지역 기후 요인과 대규모 기상 패턴의 영향을 동시에 받는다.

표 4.4. Return levels for several return periods (standard errors in parentheses) for 10 selected stations (units: ℃).

Location	5 years	10 years	25 years	50 years
Gangneung	36.63 (0.20)	37.32 (0.23)	37.99 (0.27)	38.39 (0.31)
Seoul	36.06 (0.22)	36.74 (0.23)	37.44 (0.27)	37.87 (0.31)
Incheon	34.88 (0.25)	35.62 (0.26)	36.38 (0.31)	36.85 (0.34)
Daejeon	35.96 (0.19)	36.58 (0.20)	37.21 (0.23)	37.60 (0.26)
Chupungryeong	35.30 (0.19)	35.89 (0.21)	36.50 (0.24)	36.87 (0.27)
Gunsan	35.29 (0.20)	35.86 (0.22)	36.45 (0.25)	36.80 (0.29)
Daegu	36.50 (0.25)	37.19 (0.28)	37.87 (0.33)	38.27 (0.37)
Gwangju	36.27 (0.24)	36.96 (0.25)	37.67 (0.29)	38.09 (0.34)
Busan	35.39 (0.27)	36.21 (0.30)	37.02 (0.35)	37.50 (0.40)
Mokpo	35.25 (0.25)	35.99 (0.27)	36.75 (0.32)	37.21 (0.36)

표 4.5. Return levels for several return periods (standard errors in parentheses) for eight unobserved locations, calculated using the estimates of $\hat{\mu}(x_0)$, $\hat{\sigma}(x_0)$, $\hat{\xi}(x_0)$ from the MSP regional models (unit: ℃).

Location	Lat	Lon	Alt	Coast	5 years	10 years	25 years	50 years
Yeonggwang	35.27	126.51	49	3	35.80 (0.24)	36.48 (0.25)	37.17 (0.29)	37.58 (0.33)
Naju	35.02	126.71	14	5	36.30 (0.25)	37.02 (0.26)	37.75 (0.31)	38.19 (0.35)
Pyeongchang	37.37	128.39	308	6	35.36 (0.18)	35.91 (0.19)	36.46 (0.23)	36.78 (0.26)
Taebaek	37.16	128.98	665	6	33.26 (0.39)	33.80 (0.30)	34.35 (0.40)	34.68 (0.42)
Andong	36.41	128.79	158	5	36.13 (0.17)	36.70 (0.19)	37.27 (0.22)	37.61 (0.25)
Changwon	35.22	128.67	11	1	36.53 (0.27)	37.29 (0.30)	38.04 (0.35)	38.47 (0.39)
Jirisan	35.33	127.61	1478	6	26.36 (0.67)	27.03 (0.67)	27.71 (0.69)	28.12 (0.70)
Samcheok	37.45	129.16	71	1	36.60 (0.21)	37.29 (0.23)	37.96 (0.28)	38.36 (0.31)

그림 4.6에서 보는 바와 같이 북동부 태백산맥과 서부지역 소백산맥 사이 분지지역에서 DMT에 대한 최대 귀환수준이 보인다. 이것은 주로 이 지역의 중위도에서 편서류에 의한 강수의 그림자 효과의 결과로 강우 강도가 낮고 비오는 날의 빈도가 낮기 때문이다. 한편 높은 산지 지역에서 최소 귀환수준이 얻어졌다. 이는 다른 모델링에서는 얻기 어려운 결과로 MSP 모델링의 우수성을 보여주는 것이라고 사료된다.

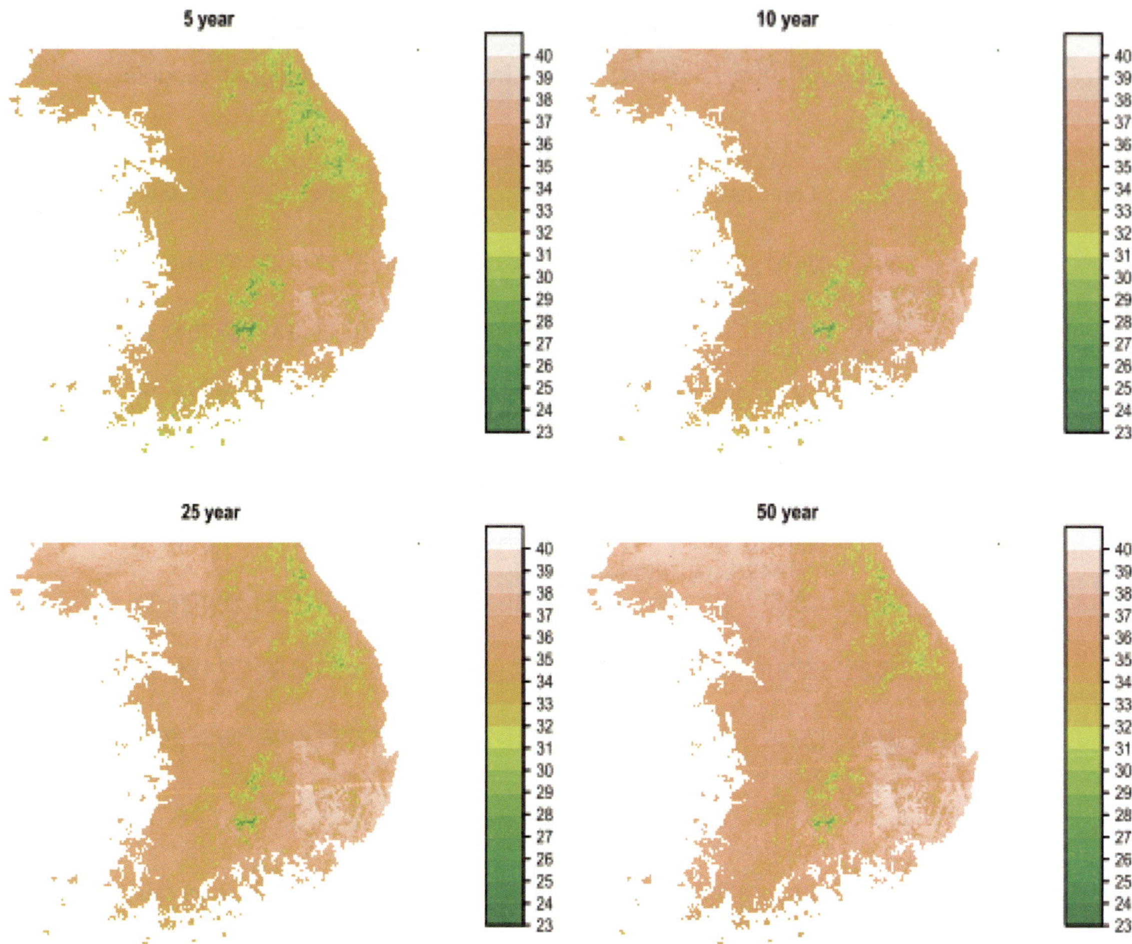

그림 4.6. Maps for estimated return levels of the annual highest daily maximum temperature obtained using the MSP model for several return periods (unit: ℃). The return values for an ungauged location (e.g. say x_0) are obtained by the formula for univariate GEV distribution with the estimates $\hat{\mu}(x_0)$, $\hat{\sigma}(x_0)$, $\hat{\xi}(x_0)$ of MSP regional models. The resolution of the map is obtained by 1 km grids in South Korea.

4.5.2 미관측 지점에서의 예측

MSP 모델에서 측정되지 않은 위치(예: x_0)에 대한 귀환수준을 예측했다. 구체적으로는 각 지역 MSP 모델의 추정값 $\hat{\mu}(x_0)$, $\hat{\sigma}(x_0)$, $\hat{\xi}(x_0)$을 사용하여 x_0에서의 귀환수준을 얻었다.

그림 4.7은 4가지 귀환 수준에 대한 지도를 보여준다. 지도는 1km 해상도 그리드로 구성되었다. 4개 영역 경계 주변에서의 부드러운 이미지를 위해, 인접한 2개 영역에서의 각 지역 모델을 사용하여 경계 주변의 위치에 대한 귀환 값을 계산한 다음, 그 값들을 평균했다. 표 4.4와 4.5는 각각 선택된 지점과 측정되지 않은 위치에 대한 귀환수준과 표준 오차(괄호 안)를 보여준다.

표 4.5에서 보는 바와 같이 고지대(태백, 지리산 등)는 상대적으로 낮은 귀환수준을 보인다. 이 표와 그림 4.7에서 우리는 MSP 모델이 비록 몇 개의 관측소가 산악 지역에 있더라도 전체 지역에 대한 지리 및 공변량 정보를 잘 포착한다는 것을 알 수 있다. 모든 지점과 많은 측정되지 않은 위치에 대한 귀환수준과 표준오차는 Lee et al.(2012)를 참조하기 바란다.

그림 4.7은 다양한 귀환기간 동안 독립 GEV 모델(세로축)과 MSP 모델(가로축)에서 계산된 귀환수준의 추정된 표준 오차의 산점도를 보여준다. MSP 모델에서 추정 표준 오차는 독립 GEV 모델에서 계산된 것보다 작다. 이는 MSP 모델이 인접 지점의 관측치까지 사용하는 반면 독립 GEV 모델은 한 지점의 관측치를 사용하기 때문일 수 있다. 이것은 MSP 모델의 장점이다.

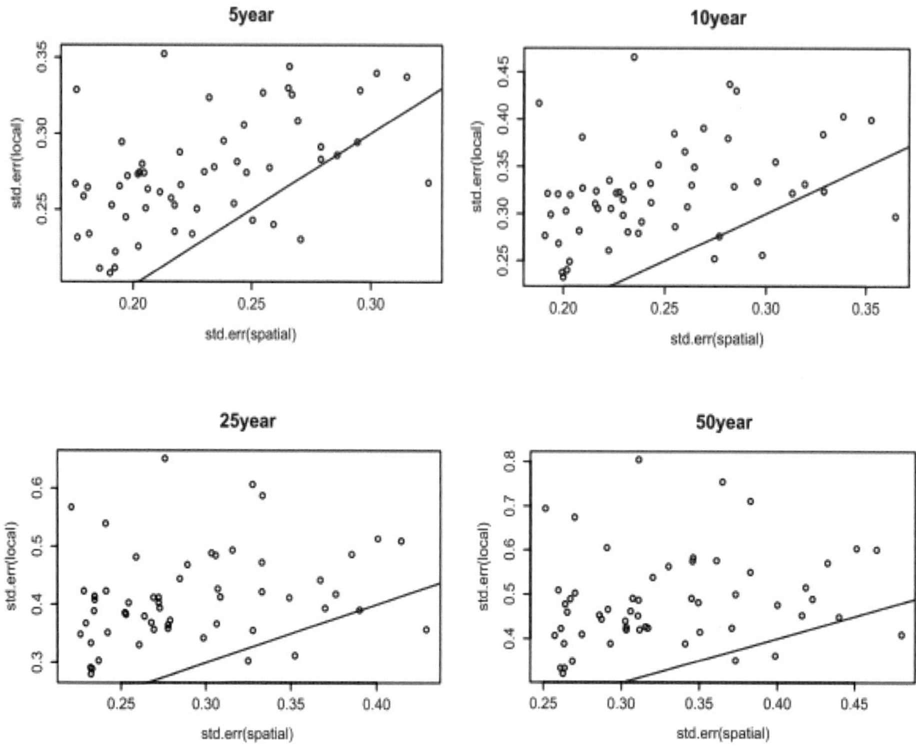

그림 4.7. Scatter plots of estimated standard errors of return levels computed from the local GEV model (vertical axis) and the MSP model (horizontal axis), for various return periods.

4.6 결론과 논의

본 장에서는 한국의 연간 최고 일최고기온(DMT)에 공간 모델링 기법(max-stable process, MSP)을 적용하였다. Schlather의 특성화를 사용하였고, 4개의 지역별 MSP 모델을 구축했다. 그룹별 Q-Q 플롯은 4

개의 지역 MSP 모델이 전체 지역에 대한 하나의 MSP 모델 및 지점별 GEVD 모델보다 데이터에 더 잘 맞는다는 점을 밝혀냈다. 또한 지역별 MSP 모델을 이용하여 여러 반환기간에 대한 최고 기온의 귀환수준을 계산하고 지도를 그렸다.

이 분석에서 우리는 MSP 모델이 몇 개의 관측소가 산악 지역에 있더라도 전체 지역에 대한 지리 및 공변량 정보를 잘 포착한다는 것을 발견했다. 모양모수를 상수로 설정했는데, 향후 연구에서는 더 많은 샘플이 필요할 수 있는, 함수 형태의 모양모수 $\xi(x)$를 고려할 수 있다. 남한을 4개 지역으로 분할하여 MSP 모델을 개선했지만 분할이 다소 임의적이었다. 즉, 우리의 전문성, 행정 정보 및 지리적 근접성을 기반으로 남한을 분할했다. 따라서 각 지역에 기상 관측소를 객관적으로 할당할 필요가 있다. 이와 관련하여 RFA에서 사용하는 몇 가지 기술이 유용할 수 있을 것이다(예: Hosking and Wallis, 1997).

위치 및 규모 모수에 대한 최상의 회귀 기반 형식을 구축하려면 상당한 계산 부담이 필요하다. 실제로 우리는 가능한 모든 조합에서 최상의 회귀 기반 형식을 선택하기 위해 단계별 선택 절차를 사용했다. 그러나 몇 가지 경우에서 TIC 계산의 실패를 관찰되어 절차를 불안정하게 만들었다. Westra와 Sisson(2011)은 회귀모형에서의 변수 선택 알고리즘과 비슷하게, 우도비 검정(likelihood ratio test)를 이용하여 전방선택 방법(forward selection method)을 취했다. 향후 연구에서는 보다 나은 변수 선택을 위한 빠르고 안정적인 알고리즘의 개발이 필요해 보인다. 한편 MSP를 이용한 공간 예측이 $\mu(x)$와 $\sigma(x)$의 회귀모형 형태에 지나치게 영향을 받는 단점이 있다. 따라서 이런 단점을 보완하기 위해서 일종의 평활(smoothing)이나 규정화(regularization)이 필요해 보인다.

본 장의 접근 방식은 기후 시스템의 수치 모델에도 적용할 수 있다. 이와 관련한 연구는 극한 강수량 및 극한 풍속의 경향을 포함하여 미래의 기후 변화의 탐지 및 예측에 도움이 될 것이다. 실제로 Shin 등(2018)은 MSP와 기후 시뮬레이션의 앙상블을 통합한 접근법을 제안하고 미래 기후를 예측하는데 적용하였다.

Davison과 Gholamrezaee(2012)는 MSP 모델링 접근 방식의 단점과 향후 개발 가능성에 대해 논의했다. 공간에서 기후 변수의 전체 분포(최대값, 평균값 및 최소값을 동시에 포함)를 모델링하고 이를 사용하여 변화(예: 평균 및 표준 편차의 이동)를 감지하는 것은 극한값만 모델링하는 것보다 더 신뢰할 만하다(Katz, 2010). 이를 위해 일부 기후 공변량(Shang et al., 2011)과 시공간 선형 모델(Cressie and Wikle, 2011)이 있는 시간 종속 MSP 모델이 유용할 수 있다. 이러한 문제를 해결하려면 기상 및 기후 과학자와 통계학자 간의 협력을 더욱 강화해야 한다고 생각한다.

허준행(2016), 수문통계학, 구미서관.

Beirlant, J., Y. Goegebeur, J. Segers, and J. Teugels, 2004: Statistics of Extremes: Theory and Applications. Wiley, N.Y., 514p.

Coles, S., 2001: An Introduction to Statistical Modelling of Extreme Values. Springer, N.Y., 224p.

Cooley, D., J. Cisewski, R. J. Erhardt, S. Jeon, E. Mannshrdt, R.O. Omolo, and Y. Sun, 2012: A survey of spatial extremes: Measuring spatial dependence and modeling spatial effects. REVSTAT—Statistical Journal, 10, 135–165.

Cressie, N., and C. Wikle, 2011: Statistics for spatiotemporal Data. Wiley, Hoboken, 624p.

Davison, A. C., and M. M. Gholamrezaee, 2012: Geostatistics of extremes. Proc. Royal Society A, 468, 581–608, doi:10.1098/rspa.2011.0412.

DeGaetano, A., and R. Allen, 2002: Trends in twentieth century extremes across the United States. J. Climate, 15, 3188–3205.

de Haan, L., 1984: A spectral representation for maxstable processes. Annals of Probability, 12(4), 1194–1204.

___________, and T.T. Pereira, 2006: Spatial extremes: models for the stationary case. Annals of Statistics, 34, 146–168.

Hosking, J. R. M., J. R. Wallis, 1997: Regional Frequency Analysis: An Approach Based on L-moments. Cambridge University Press, Cambridge, 244pp.

Karl, T. R., P. D. Jones, R. W. Knight, G. Kukla, et al. 1993: A new perspective on recent global warning: Asymmetric trends of daily maximum and minimum temperature. Bull. Amer. Meteor. Soc., 74, 1007–1023.

Katz, R. W., 2010: Statistics of extremes in climate change. Climatic Change, 100, 71–76.

KMA, 2010: Abnormal Climate Extreme Special Report 2010. Korea Meteorological Administration, 114pp.

Lee, Y., S. Yoon, Md.S. Murshed, M.-K. Kim, et al. 2012: Spatial modeling of the highest daily maximum temperature in Korea via max-stable processes. Technical Report, Dept. of Statistics, Chonnam National University. 34p. https://github.com/yire-shin/extremes/blob/main/spa_temp-TechRpt-5.pdf.

Padoan, S. A., M. Ribatet, S. A. Sisson, 2010: Likelihood-based inference for max-stable processes. Jour Amer Statist Assoc, 105, 263–277.

Ribatet, M., 2009: SpatialExtremes: A user's guide to the spatial extremes package. http://cran.rproject.org/web/packages/SpatialExtremes/vignettes/Spatial ExtremesGuide.pdf.

Schlather, M., 2002: Models for stationary max-stable random fields. Extremes, 5, 33–44.

Shang, H., J. Yan, X. Zhang, 2011: El Ni~noSouthern Oscillation influence on winter maximum daily precipitation in California in a spatial model. Water Resour. Res., 47, W11507, doi: 10.1029/2011WR010415.

Shin, Y., Lee, Y., Choi, J., & Park, J.(2018). Integration of max-stable processes and Bayesian model averaging to predict extreme climatic events in multi-model ensembles. Stoch Environ Res Risk Assess, 33, 47-57.

Smith, R. L., 1990: Max-stable processes and spatial extremes, unpublished manuscript. http://www.stat.unc.edu/postscript/rs/spatex.pdf.

Westra, S., S. A. Sisson, 2011: Detection of nonstationarity in precipitation extremes using a maxstable process model. J. Hydro., 406, 119–128.

CHAPTER 5

기후 시뮬레이션 모델의 편의보정

제5장 기후 시뮬레이션 모델의 편의보정

미래 기후 변화에 대한 지식의 상당 부분은 지구 순환 모델(GCM) 및 지역 기후 모델(RCM)을 사용한 시뮬레이션 코드의 예측에 의존한다. 그러나 최첨단 시뮬레이션 코드도 다소 거친 해상도를 가지며 실제 기후와 비교하여 체계적인 편차를 보이곤 한다. 그러한 편차의 원인은 기본적으로 예측 불가능한 내부 변동성과 전지구 모형의 저해상도 때문이라고 한다.

시뮬레이션 출력과 실제 관측치 사이의 체계적인 편차를 제거하기 위해 다양한 통계적 편의보정(bias correction; BC) 방법이 개발되었다. 이들 방법은 일변량 및 다변량 방법으로 분류된다. 편의보정 방법은 델타 매핑, 분위수 매핑, 분위수 델타 매핑, 경험적 코퓰러 편의보정, 다변량 분위수 델타 매핑 및 다변량 최적 확률적 BC를 포함한다. 이 장에서는 이러한 편의보정 기술을 살펴보고 한국의 실제 자료에 적용한다. 특히 시뮬레이션 자료와 실제 자료에 일반화 극단값 분포(GEVD)를 적용한 편의보정과 앙상블 예측을 실시한다. 미래 시나리오의 종류에 맞추어, 가까운 미래와 먼 미래의 20년 귀환수준을 예측한다.

5.1 편의보정의 필요성

기후 시뮬레이션의 지속적인 개선에도 불구하고 모의된 기후와 실제 관측 사이에는 체계적인 편차가 남아 있다. 간단히 말해서, 시뮬레이션 모델은 관측값에 비해 너무 덥거나 춥거나, 비가 너무 많이 오거나 건조할 수 있다. 이러한 편차는 기후 변화 연구에서 시뮬레이션의 직접적인 사용을 방해하기 때문에 종종 어떤 평가를 기반으로 통계적으로 조정될 필요가 있다. 편의보정의 필요성은 Christensen 등(2008)과 Boberg 등(2012)에 잘 설명되어 있다.

각국의 연구 팀에서 개발한 기후 시뮬레이션을 최근에 하나로 모아둔 집합체를 CMIP6라고 부른다. 이는 모델결합 및 상호비교 프로젝트 6단계(coupled model intercomparison project phase 6)를 뜻한다. 우리는 CMIP6에서 얻은 과거 자료(historical data)와 실제 관측치에 대해 일반화 극단값 분포(GEVD)를 적용하여 편의보정을 실시한다. CMIP6에는 미래 시나리오에 따라 각각 다른 출력을 생산하는데, 이때 미래 시나리오를 RCP(Representative Concentration Pathway)로 대변한다. 본 장에서는 RCP 2.6, RCP 4.5, RCP 8.5의 3가지 RCP 시나리오에 따른 시뮬레이션 자료를 사용한다. 최근(2020년)에는 미래 시나리오가 약간 바뀌어 SSP(shared socioeconomic pathway)로 바뀌어, 각각 SSP1-2.6, SSP2-4.5, SSp5-8.5와 같이 표기된다.

5.2 일변량 편의보정 방법

이 장에서는 여러 유형의 데이터가 사용된다. 이는

(1) 과거 몇 년 동안 관측된 기상 관측소의 관측치(observations),

(2) 기준(또는 보정) 기간 동안 각 시뮬레이션 모델에서 얻은 과거 데이터(historical data),

(3) 각 시나리오에 따라 각 모델에서 생성된 미래 데이터(future data),

(4) 경우에 따라 사용하는 재분석 자료(reanalysis data)이다.

재분석 자료는 관측치에 여러 한계가 있고 일정한 격자점을 이루지 않기 때문에 이를 보완하여 기후학자들이 생성한 자료이다. 이는 관측에 가까우면서도 결측이 없고, 높은 해상도로 격자를 이루기 때문에 다루기 편한 장점을 갖는다. 미래 자료에는 R 개의 시나리오와 P 개의 미래 기간이 있기 때문에 각 시뮬레이션 모델은 R×P 미래 데이터 세트를 생성한다. 따라서 격자점의 경우 하나의 관측 자료 세트, M개의 과거 자료 세트(M은 시뮬레이션 모델의 수) 및 M×R×P의 미래 데이터 세트가 있다. 편의보정은 각 격자점 및 각 시뮬레이션 모델별로 수행된다.

이러한 데이터 세트를 모두 함께 사용하여 일변량 BC 기술을 먼저 검토한다. 명확성을 위해 다음 표기법이 사용된다: 여기서 기본적으로 x는 관측과 관련된 값이고 y는 시뮬레이션과 관련된 값이다.

- $y^{f_{corr,i}}$: bias corrected value in the future
- $\overline{y}^{f}_{mod}$: mean value of future simulation run
- $\overline{y}^{p}$: mean value of historical run in the reference period
- $x^{p_{o,i}}$: observed value in the reference period

여기에서 위 첨자 f는 미래 데이터, p는 기준(또는 과거) 기간의 과거 데이터, mod는 모델, 그리고 o는 관측치를 나타내는 데 사용된다. 여기서 우리는 $x^{p_{o,i}}$가 정상적(stationary)이라고 가정하지만, 본 장의 논의는 비정상적(nonstationary) 상황으로도 확장될 수 있다.

5.2.1 델타 변경

수문학에서 자주 사용되는 이 방식은 미래의 값과 과거 시뮬레이션 값의 차이를 관측값에 반영한다(Maraun과 Widmann, 2018). 델타 변경(delta change) 방법은 관측에 대해 얼마를 더하거나 곱해주는 방식으로, 시뮬레이션 보다는 관측에 더 신뢰를 주는 경우에 사용한다. 예를 들어, 기온처럼 편차가 가산적(additive)이라면 식 (5.1)을 사용한다.

$$y^{f_{corr,i+T}} = x^{p_{o,i}} + (\overline{y}^{f}_{mod} - \overline{y}^{p}), \tag{5.1}$$

만약 강수량처럼 편차가 상대적(relative)라면 아래 공식 (5.2)를 이용한다.

$$y^{f_{corr,i+T}} = x^{p_{o,i}} \times \frac{\overline{y}^{f}_{mod}}{\overline{y}^{p}}, \tag{5.2}$$

변경된 값의 통계적 특성은 여전히 관찰된 시계열의 특성을 갖는다. 시뮬레이션에 대한 신뢰가 낮으면 델타 변경 방법이 선호될 수 있다. 이 방법은 결국 관측에 대해 어떤 로컬 변동성을 추가해준 것으로 볼 수 있다.

위의 식에서는 시나리오 자료의 평균만을 고려했는데, 이를 산포(또는 분산)까지도 고려한, 확장된 편의보정 공식은 다음과 같다(Engen-Skaugen, 2007):

$$y^{f_{corr,i+T}} = \overline{x}^{p}_{o} \times \frac{\overline{y}^{f}_{mod}}{\overline{y}^{p}} + (x^{p_{o,i}} - \overline{x}^{p}_{o}) \times \gamma, \tag{5.3}$$

여기서 $\gamma = \frac{\sigma_{mod}}{\sigma_p}$는 미래 및 과거 시뮬레이션 자료의 표준편차 비율

이다. 이 공식 (5.3)을 통해 관측치의 평균과 표준편차를 변화(편의보정)시킨 값을 미래 시나리오 값으로 활용한다는 의미이다.

5.2.2 분위수 매핑

이 방법은 관측치와 과거 자료(historical data)의 누적분포함수(CDF)를 사용하여 개별적으로 분위수를 조정한다. 그 단계를 보면 다음과 같다.

(1) 참조(또는 과거) 기간 동안의 모델 값 (y_i^p)와 관측값 (x_i^p)에서 해당 CDFs F_{y_h} 및 Fx을 추정한다. 극한값인 경우는 보통 GEV 분포를 사용한다.

(2) 모델 값 (y_i^f)는 식 (5.4)와 같은 공식으로 해당하는 관찰된 분위수에 매핑된다.

$$y^{f_{corr,i}} = F_x^{-1}(F_{y_h}(y^{f_i})). \tag{5.4}$$

분위수 매핑(quantile mapping; QM) 방법의 스케치는 그림 5.1에 나와 있다. 다시 말해, 과거 시뮬레이션 자료가 관측 자료에 일치되는 방식을 그대로 따와서 미래 시나리오 자료에도 적용하는 방법이다. 이 방법은 과거 시뮬레이션 자료의 CDF를 사용하고 또한 식 (5.4)에서 보다시피 미래 시나리오 자료를 변경시키는 방법이기 때문에 그만큼 시뮬레이션에 대한 신뢰도가 높을 때 사용된다.

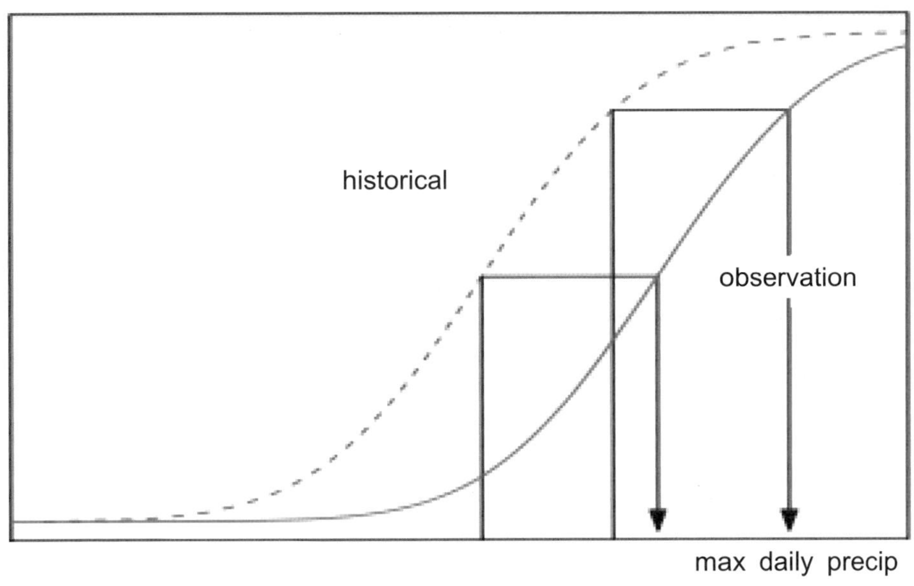

그림 5.1. 과거 시뮬레이션 자료의 누적분포함수(점선)가 관측치의 누적분포함수(실선)에 매핑되는 분위수 매핑의 스케치.

다만 자료의 특성에 따라 CDF를 추정하는 데 사용되는 통계 분포가 다르다. 일부 저자는 경험적 CDF를 선형 보간법으로 고려한 반면 다른 저자는 온도에 대해서는 정규 분포, 강수에 대해서는 감마 분포, 극한 현상에 대해서는 일반화 극단값 분포를 사용한다. 경우에 따라서는 비모수 CDF를 이용한 분위수 매핑을 사용할 수도 있다.

델타변경 방법은 평균과 표준편차만 고려한 반면 분위수 매핑은 전체 자료를 모두 보정하는 방식이다. 델타변경 방법과 분위수 매핑은 다음 절에서 소개하는 방법들보다 비교적 간단하여 실제로 자주 적용되고 있다.

5.2.3 경향 보존법 (trend preserving method)

분위수 매핑(QM)은 과거 자료나 관측치가 정상적(stationary)이라고 보기 때문에 BC를 하고 나면 시뮬레이션의 미래 자료가 가지는 경향성을 보존하지 못할 수 있다. 많은 기후학자들은 시뮬레이션 토드가 생성해내는 미래의 원래 자료가 가지는 경향성을 BC 후에도 계속 유지하기를 바란다. 이를 위해 Hempel 등(2013)은 분위수 매핑을 하기 전에 장기 추세를 제거하고 남은 자료에 대해 분위수 매핑을 적용하였다. 그런 후에 다시 추세를 추가하는 방법을 사용했다. Li 등(2010)과 Cannon 등(2015)은 QM과 델타 변경을 혼합한 방식으로 경향을 보존하려 했다. 이 방법을 EDQM(equi-distance QM) 또는 QDM(분위수 델타 매핑)이라고 부른다. QDM은 두 단계를 거치는데, 첫 번째가 로컬 QM이고 두 번째가 상대 델타 변경이다.

첫 번째 부분에서 로컬 분위수 매핑은 다음과 같이 적용된다.

$$y^{f_{corr,i}} = F^{-1_x}(F^{i_{y_m}}(y^{f_i})), \tag{5.5}$$

여기서 $F^i_{y_m}$은 미래 기간에 대한 i번째 값(y^f_i) 주변의 시간 창에 대한 로컬 CDF이다. 이 로컬 CDF는 시뮬레이션 코드에서 나온 미래의 기후변화 경향을 고려하는 데 사용된다. 이렇게 1차 보정된 값은 다음과 같이 두 번째 부분에서 상대 델타 변경 방법으로 보정된다. 편차가 가산적이라고 가정할 때,

$$y^{f_{corr,i}} = y^{f_{corr,i}} + \delta^{a_m}(i), \tag{5.6}$$

여기서 보정항인 $\delta_m^a(i)$는 다음으로 주어진다.

$$\delta^{a_m}(i) = y^{f_i} - F^{-1_{y_h}}(F_y(y^{f_i})),$$

여기서 F_{y_h}는 과거 시뮬레이션 자료(historical data)에서 구한 CDF를 뜻한다. 만약 편차가 상대적이라고 가정할 때, 보정은

$$y^{f_{corr,i}} = y^{f_{corr,i}} \times \delta^{s_m}(i), \tag{5.7}$$

으로 이뤄진다. 여기서 보정항인 $\delta_m^s(i)$은 다음과 같다.

$$\delta_m^s(i) = \frac{y_i^f}{F^{-1_{y_h}}(F_y(y^{f_i}))}$$

여기서 보정항은 원래의 델타 변경 방법과 유사한 형태를 갖는 것에 유의하자. 그래서 이름을 분위수 델타 매핑(QDM)이라고 붙였다.

관측치 x는 F_x에만 반영되는데 이는 시뮬레이션 자료 y에 비하면 최소한으로 사용된 것이다. 그만큼 시뮬레이션 자료에 대한 신뢰도를 높게 반영한 방법임을 알 수 있다.

기후학자들은 일반적으로 시뮬레이션의 미래 경향이 보존되는 BC 방법인 QDM을 선호한다. 미래의 기후변화는 과거의 변화 경향과 항상 같지는 않을 것이기 때문이다.

Switanek 등(2015)은 분위수에서 추세를 대략적으로 보존하는 새로운 접근 방식을 제안했다. 이 방법은 개념적으로 QDM과 유사하지만 비가 오는 날의 빈도와 개별 이벤트의 가능성을 보다 명시적으로 설명한다고 Switanek 등(2015)은 주장한다. 이 방법을 SDM(Scaled Distribution Mapping)이라고 한다.

5.3 다변량 편의보정

변수 간의 종속성을 고려하여 모델 출력을 보다 효율적으로 보정하기 위해 최근 여러 다변량 BC 방법이 제안되었다. Chen 등(2018)은 강수와 기온의 공동 편의보정이 가장 추운 캐나다 분지를 제외한 다양한 기후에 위치한 모든 연구 지점에 대한 수문학적 모델링 측면에서 훨씬 더 나은 성능을 이끌어 낸다고 보고했다. 이는 다양한 기후 변수들 간의 상관성을 반영하면서 편의보정을 하면 하나의 변수에 대해 독립적으로 편의보정하는 것보다 더 효율적이다는 말이다.

5.3.1 경험적 코플라 기반 보정 (Empirical copula-based correction)

Vrac과 Friederichs(2015)는 다변수이거나 공간상에서 또는 시간에 의존하는 시뮬레이션 자료를 편의보정하는 일반적인 방법을 제안했다. 이 방법은 3단계로 이뤄졌는데 첫 번째는 일변량에 대한 QM이고, 두 번째는 Schaak 셔플링이고 세 번째는 일종의 델타 변경이다. 이 방법의 첫 번째로, 먼저 모든 변수와 위치에 개별적으로 일변량 QM을 적용한다. 그런 다음 두 번째로, 시뮬레이션 값은 관찰치의 순위의 시간적 순서와 일치하도록 각 변수에 대해 별도로 재정렬된다. 이러한 재정렬은 'Schaake 셔플링'이라는 특별한 기술을 이용하여 진행한다. 이 셔플링은 관측치의 순위 상관관계와 1차 편의보정된 시뮬레이션 값의 상관관계를 동일하게 만든다. 세 번째로는, 이런 순위에 기반하여 관측치와 동일한 분위수에 해당하는 1차 편의된 시뮬레이션 값을 이용하여 델타 변경한다.

이 방법은 분위수 델타 매핑 방법을 다차원으로 확장한 것으로 간주할 수 있다. 이 방법을 Vrac과 Friederichs(2015)에서는 경험적 Copula 기반 편의보정(EC-BC)이라고 부른다. 이는 또한 반모수적(semi-parametric) 다변량 접근법으로 분류할 수 있다. 첫 번째에서 QM을 적용하면서 CDF를 추정하여 사용한 것은 모수적 방법이고, 두 번째에서 순위에 바탕하여 상관계수를 일치시키려고 재정렬한 Schaake 셔플링은 비모수적 방법이므로 이는 모수적 접근과 비모수적 접근의 혼합인 셈이다.

EC-BC 방법이 Vrac(2018)에 의해 업그레이드되었다. 이 방법은 EC-BC의 일부 약점인 시간적 속성과 결정론적 측면의 유연성 부족을 채우기 위한 것이다. 이번에는 다변수 순위 재샘플링에 의존하며, R^2D^2 방법이라고 부른다.

5.3.2 직교 회전 행렬(Orthogonal rotation matrix) 방법

Cannon(2016, 2018)은 일변량 분위수 델타 매핑을 다변수를 확장한 방법을 제안했다. 그것은 개념적으로 단변량 BC 방법(예: QDM)과 EC-BC 접근 사이에 있는 반복적인 방법이다. 이 방법은 기후 시뮬레이션 모델의 다변량 경향성을 대략적으로 보존해준다. 이 방법에서는 한 이미지에서 다른 이미지로 색상 정보를 전송하도록 설계된, 컴퓨터 공학에서 개발된 이미지 처리 기술인 n-pdft (n-dimensional pdf transform)가 적용되었다. 이 알고리즘은 다음 단계를 거쳐서 진행된다.

(1) 일변량 QDM을 각 변수에 개별적으로 적용한다.

(2) 변수들의 공분산 행렬을 구하고 그것의 Cholesky 분해를 바탕으로 다변량 값을 재조정하여 비교적 수월한 선형 다변량 BC를 적용한다.

이 알고리즘은 보정된 자료의 주변부와 종속 구조가 관측 자료의 대응 부분에 충분히 가까울 때 종료된다. 이 알고리즘은 실제 값이 아닌 순위를 기반으로 진행할 수도 있다(Maraun and Widmann, 2018). 이 방법은 MBCn (multivariate bias correction with n-pdft) 알고리즘이라고 불린다. 이 알고리즘 속에서 일변량 QDM이 적용되므로 시뮬레이션의 미래 자료의 경향이 보존된다. 구체적인 내용은 Cannon(2016, 2018)을 참조하기 바란다. 우리는 다음 절에서 한국 최대 강수량의 편의보정을 위해 MBCn 방법을 사용하였다.

5.3.3 최적 확률적 보정(Optimal stochastic correction)

Robin 등(2019)은 최적의 편의보정 함수를 찾는 확률적 BC 방법을 제안했다. 확률적(stochastic) BC는 보정된 값을 결정적 값으로 고정하지 않는다. 대신 보정된 값은 편차를 갖는 확률 변수의 확률 분포와 보정을 연결하는 함수를 통하여 랜덤하게 추출된다. 이 알고리즘은 동적 최적 변경 보정(dynamic Optimal Transform Correction; dOTC)이라고 한다. 이 방법은 위에서 다른 MBCn의 일부 방법을 활용하고 또한 QDM과 유사한 방법도 취한다. 따라서 시뮬레이션이 갖는 경향성을 보존하기도 한다.

확률보정법은 보정값이 고정된 값을 갖지 않고 매번 시행 때마다 랜덤하게 선택된다. T-년 귀환수준이나 미래 기후 예측값도 랜덤성을 띈다. 이런 점 때문에 일부 학자들은 사용을 꺼려할 수 있다. 하지만 관측값이 모집단의 일부이고 시뮬레이션의 값도 절대적이 아니라는 점을 상기하면 확률적 BC 접근이 오히려 더 합리적일 수 있다. 따라서 B번(예를 들어 B=100)의 dOTC를 적용한 후에 그것의 평균을 보정값으로 사용하거나 혹은 B개의 보정값을 그대로 활용하는, 일종의 앙상블 전략도 바람직해 보인다. 아울러 François 등(2020)에 실린 여러 가지 다변수 BC 방법에 대한 비교 연구는 기후변화 탐지에 도움이 될 것이다.

5.4. 한국 최대 강수량 자료에 적용

5.4.1 서론

본 절에서는 CMIP6 시뮬레이션 결과를 이용하여 BC를 적용한 뒤, 한국의 극한 강수의 미래 변화를 연구했다. 특히 미래(2021-2100년) 한반도의 최대 강수량을 예측하고자 다변량 편의보정(MBCn) 알고리즘을 이용하여 시뮬레이션 결과를 편의보정했다.

기후 예측의 앙상블 방법은 단일 시뮬레이션 모델의 체계적인 편차와 일반적인 한계를 개선하는 것으로 입증되었다. 극단적인 기후 현상을 예측하는 데 관심이 있을 때 일반화 극단값 분포(GEVD)가 보통 사용된다(Coles, 2001). 이 연구에서 GEVD보다 더 정확한 r-최대 GEVD를 이용했다.

지구온난화 시나리오는 3가지를 적용했다. 즉 RCP 2.6, RCP 4.5, RCP 8.5이다. 한국의 미래 극한 강우 강도를 예측할 때 GEVD에 바탕한 앙상블로써 단순 평균을 사용했다. 즉 고려한 M개의 모델들의 결과에 대해 동일한 가중치를 준 것이다. 그러나 또 다른 방법은 각 모델에 대해 다른 가중치를 주는 것인데, 이에 대해서는 본 책의 제6장에서 다루기로 한다. 혹은 Hong 등(2022)을 참조하기 바란다.

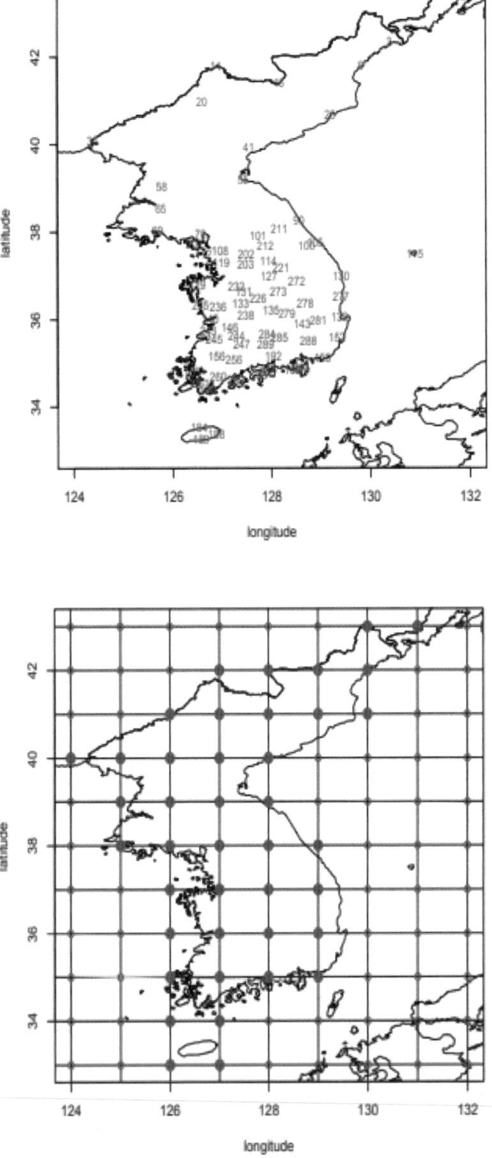

그림 5.2. Map of the Korean peninsula with weather stations in the automatic surface observing systems(ASOS) available in this study(left panel) and with the grids of 1°× 1° on which maximum rainfall for dotted grids are analyzed(right panel).

5.4.2 한국 최대 강수량과 기후 모델

연간 최대 일일 강수량(AMP1)으로 구성된 4가지 종류의 데이터 세트가 있다. 과거부터 현재까지 이어진 관측 자료, 과거에 대한 시뮬레이션 자료(historical data), 그리고 미래의 두 기간에 대한 시뮬레이션 자료이다. 여기서 미래의 두 기간이란 p1과 p2로 표기되는데, 가까운 미래 30년과 먼 미래 30년을 뜻한다. 즉,

p1=2021년부터 2050년

p2=2066년부터 2095년

한편 기준 기간인 과거부터 현재까지의 기간은 1973년부터 2014년까지이다. 우리는 이 기간을 가끔 p0라고 표기한다. 미래의 기후 예측을 위해 우리는 p0기간을 기준으로 하여 비교할 것이다.

표 5.1은 본 연구에서 고려한 7개의 CMIP6 모델의 모델명, 기관 및 해상도를 나열한 것이다. 각 모델의 해상도가 표 5.1과 같이 다양하기 때문에 표준 격자가 필요하다. 이를 위해 그림 5.2의 우측 패널과 같이 1°×1° 격자를 설정하였고, 41개의 격자 셀로 한반도를 덮고 있다.

남북한의 42년(1973~2014년) 동안 관측된 일강수량의 연간 최대값의 시계열을 한국 기상청에서 내려받았다. 그림 5.2의 왼쪽 패널에서 빨간색 점은 ASOS(자동 표면 관찰 시스템) 장소이다. 이러한 지점의 관측치는 역 거리 가중치 방법을 사용하여 격자점으로 보간(interpolate)되었다. GEVD의 모수를 보다 신뢰할 수 있게 추정하기 위해 각 관측소에 대한 관측된 일강수량(AMP)의 연간 최대값부터 r-번째 최대값까

지를 모두 사용하였다. r-개의 최대값에 대한 GEV 분포에 대한 기술은 제 2.3절에 주어져 있다. 이 분포를 r-GEV 분포라고 하는데, r-GEVD는 관찰된 극한 데이터를 더 많이 통합하기 때문에 정밀도가 향상될 가능성이 크다. 우리는 R 소프트웨어의 ismev 패키지를 이용하여 모수를 추정했다.

표 5.1. The list of 7 CMIP6 climate models analyzed in the present study and their horizontal and vertical resolutions

Model	Institution	Resolution (Lon x Lat Level#)
CESM2	National Center for Atmospheric Research, USA	288 x 192L32
BCC-CSM2MR	Beijing Climate Center, China Meteor Admin, China	320 x 160L46(T106)
CanESM5	Canadian Centre for Climate Modelling & Analysis, Canada	128 x 64L49(T63)
MRI-ESM2.0	Meteorological Research Institute, Japan	320 x 160L80(TL159)
IPSL-CM6A-LR	Institut Pierre Simon Laplace, France	144 x 143L79
EC-Earth3-Veg	EC-Earth-Consortium	512 x 256L91(TL255)
EC-Earth3	EC-Earth-Consortium	512 x 256L91(TL255)

그러나 r이 크다고 무조건 좋은 것은 아니고, r의 선택은 편의-분산 주고받기(trade-off)를 포함한다. r이 작으면 높은 분산으로 이어지는 적은 데이터를 생성하지만 r이 크면 r-GEV 모델에 대한 기본 가정이 위반할 가능성이 있어 편차로 이어진다. 적합도 진단은 주로 분위수-분위수 그림을 통해 얻어진다.

우리는 Bader 등(2017)에서 제안한 방법을 실제 자료에 적용하여 최적의 r은 4로 선택했다. 따라서 이 연구에서는 관찰과 과거 및 미래 데이터에 대해 4개의 가장 큰 AMP값을 분석한다.

5.5 분석 결과

편의보정의 예가 그림 5.3에 나와 있으며, 한반도의 20년 귀환수준에 대한 등고선도가 그려져 있다. 이 그림은 Cannon(2018)에 의해 개발된 MBCn 방법을 시뮬레이션 모델 BCC-CSM2-MR2(표 5.1 참조)에 적용한 예이다. 왼쪽 패널은 BC가 완료되기 전의 지도를 보여주고 오른쪽은 BC 이후의 지도이다. 오른쪽 지도가 관측치에 의한 분포와 더 잘 맞음을 알 수 있다. 실제로 왼쪽 그림에서 BC 적용 이전의 20년 귀환수준의 평균값은 143mm로 현실과 맞지 않게 작다. 그러나 오른쪽 그림에서는 그 값이 228mm로 현실적이다. 이 그림은 시뮬레이션 출력을 보다 사실적으로 조정할 수 있는 BC 방법의 유용성을 잘 보여준다.

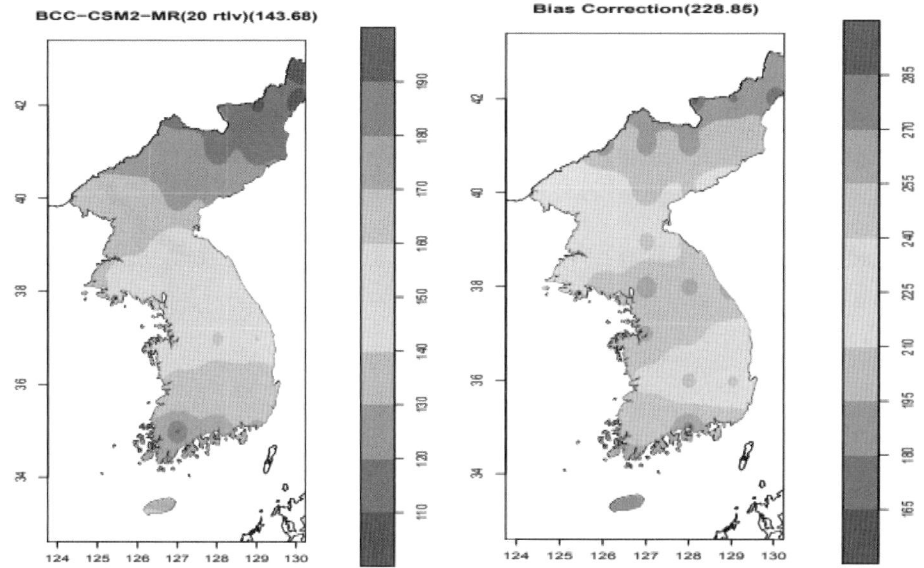

그림 5.3. An example of bias correction. Isopluvial maps of 20-year return levels over the Korean peninsula obtained from four largest annual daily precipitations. The left panel shows a map before the multivariate bias correction while the right is after bias correction. This figure is drawn by using a R package 'raster' with an interpolation method of the inverse distance weight.

그림 5.4는 r-GEVD를 적합한 후 연간 최대 일일 강우량 데이터에 대한 분위수-분위수(Q-Q) 플롯을 보여준다. 41개의 그리드 포인트 중 하나의 사이트(대전 인근)만을 예로 그렸다. 그림 4에서 r=4까지는 좋아 보이지만 r=5에서 r=9까지는 좋지 않다. 이는 r=4를 선택한 것을 뒷받침한다.

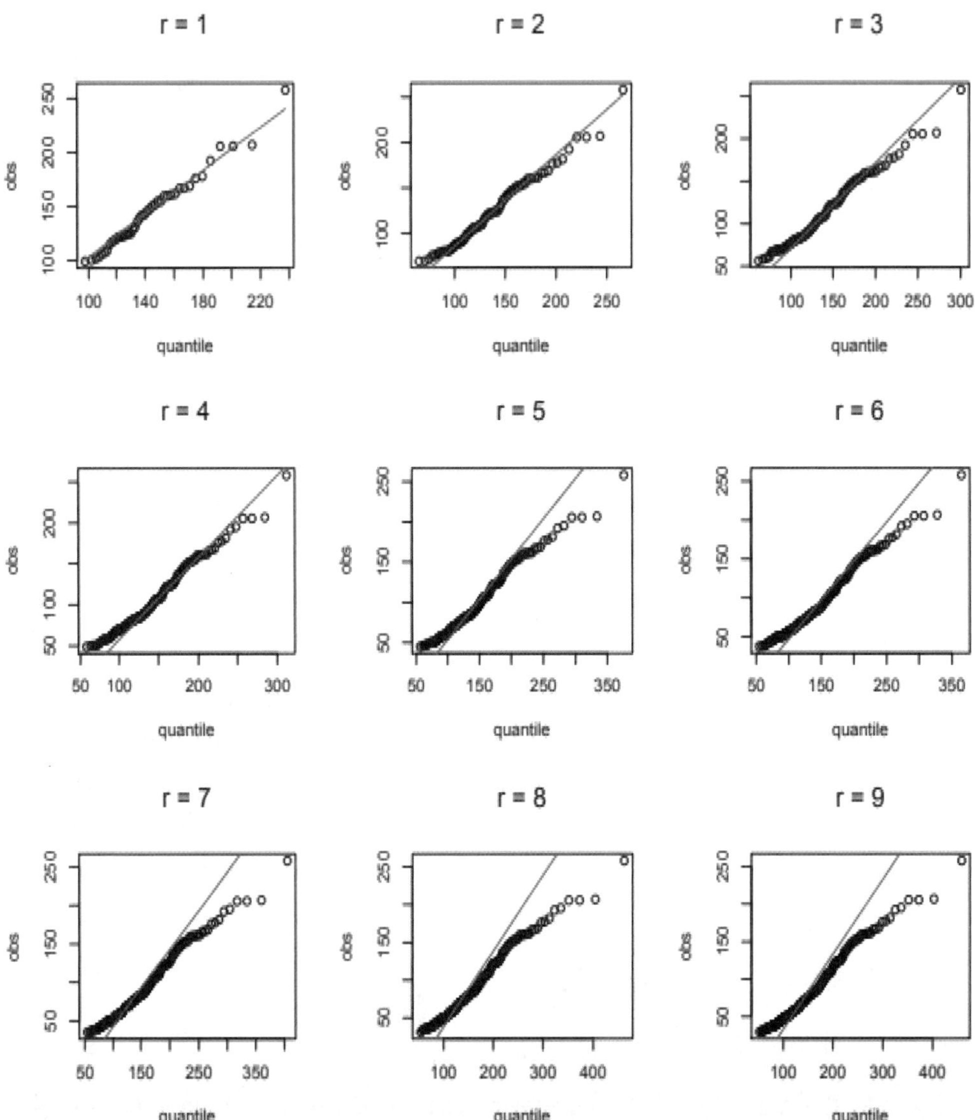

그림 5.4. Quantile per quantile plots for the annual maximum daily rainfall data of near Daejeon on basis of fitted r largest GEV distribution.

그림 5.5는 미래에 대한 20년 귀환수준 수준의 상자 그림을 보여준다. 한국에서 RCP 2.6, RCP 4.5 및 RCP 8.5 시나리오가 있는 CMIP6 다중 모델 앙상블에서 얻은 기간 p1(2021년 2050년)과 기간 p2(2066-2095

년)에 대한 결과이다. 편의보정 후 과거 데이터의 상자 그림은 관측치에 대한 결과와 유사한다.

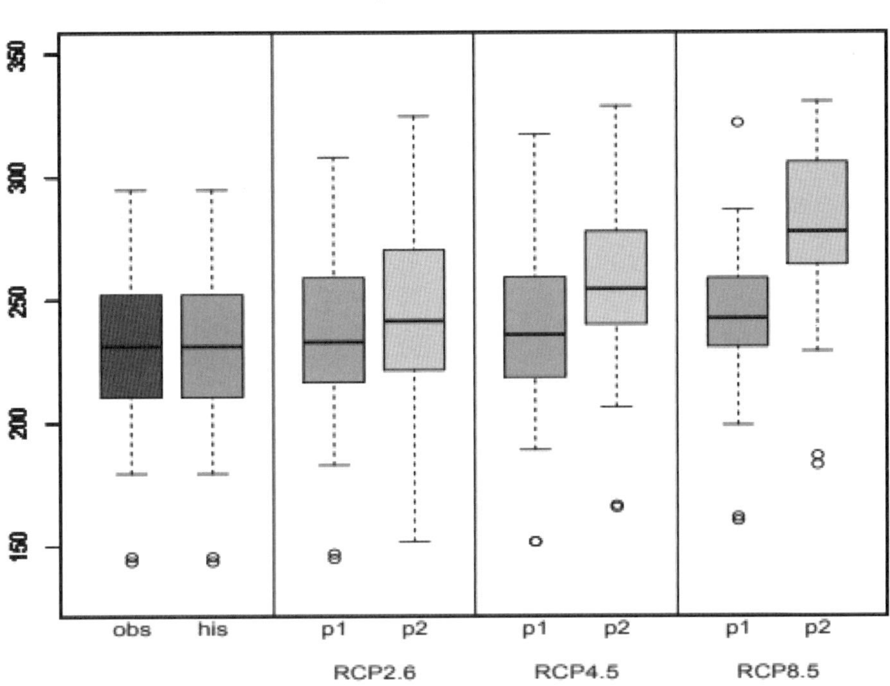

그림 5.5. Box-plots of 20-year return levels for future periods (p1 from 2021 to 2050, and p2 from 2066 to 2095) obtained from CMIP6 multi-model ensembles with RCP 2.6, 4.5 and RCP 8.5 scenarios over 41 grid points in the Korean peninsula. 'obs' stands for observations, and 'hist' is for the historical data after bias correction.

그림 5.6은 한국에 대한 3개의 RCP 시나리오를 사용하여 단순평균으로 얻은 미래 기간(p1 및 p2)에 대한 20년 귀환기간(return period)의 상자 그림을 보여준다. 미래 귀환기간은 미래 기간의 20년 귀환수준을 과거 기준 기간(1973년부터 2014년)의 20년 귀환수준과 비교하여 상대

적으로 계산된다. 이 그림은 기간 p2와 RCP 8.5의 20년 귀환기간이 기간 p1과 RCP 4.5의 귀환기간보다 각각 짧음을 보여준다. 특히 RCP 8.5가 적용된 p2의 20년 귀환기간은 약 8년으로 매우 짧다. 우리는 한반도에서 20년에 1번의 연간 최대 일일 강수량이 중앙값으로 15년에 1번, 12년에 1번, 8년에 1번으로 재현될 것으로 예측한다.

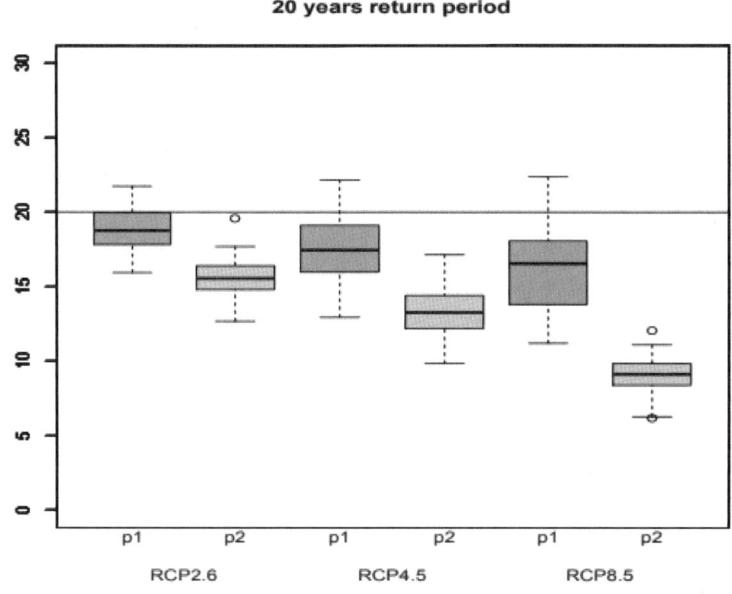

그림 5.6. Same as Figure 5.5 except for 20-year return periods relative to the observation from 1973 to 2014.

5.6 토의와 결론

Meyer 등(2019)은 다변량 편의보정 후의 자료가 일변량 BC의 결과보다 기준 데이터와 더 잘 일치함을 보여주었다. 그러나 모든 다변량

BC 방법은 고차원 분포 함수를 추정하기 위해 상당한 데이터 크기가 필요하다. 따라서 낮은 차원과 많은 수의 관찰에 대한 다변량 BC가 권장된다.

Maraun 등(2017)은 BC 방법은 모델의 물리적 프로세스에 편차가 없다고 가정하고 진행되기 때문에 원시 모델링 데이터(및 기본 프로세스)의 품질을 아는 것이 중요한 사전 단계라고 강조했다. 특히 과거 시뮬레이션 자료가 관측치와 매우 다른 경우에는 주의가 요망된다. 그것은 아마도 모델의 근본적인 오류나 대표성에 문제가 있을 가능성이 크기 때문이다. 모델의 주요하고 지속적인 오류는 편의보정으로 극복할 수 없는 근본적인 기후 모델 오류일 것이다. 그럼에도 불구하고 최소한의 편의보정을 실시하는 것이 아예 실시하지 않는 경우보다 더 낫다고 여긴다.

이 장에서는 다변량 방법을 포함한 편의보정 기법에 대해 검토했다. 한반도의 연간 극한강우량에 대한 다변량 BC법의 적용을 제시했다. 모델 시뮬레이션의 가능성을 향상시키기 위해 downscaling 및 편의보정을 포함한 후처리 단계가 오늘날 기후 모델의 분석에 일상적으로 적용되고 있다. Volosciuk 등(2017)은 편의보정과 downscaling을 별도로 진행하지 않고 한 번에 두 가지를 수행하는 방법을 시도하고 있다. 두 가지 각자의 기술로 인한 불확실성을 줄이고 각각의 방법론적 이점을 활용함으로써 더 안정적이고 강력한 기술이 될 수 있겠다.

끝으로, 본 장에서는 BC를 각 시뮬레이션 모델별로 적용했다. 그러다 보니 여러 시뮬레이션의 앙상블 모형을 세우는 것을 고려하지 못했다. 여러 모델의 앙상블에 대한 최근 BC 연구(Whan 등, 2021)가 본 장의 미비점을 어느 정도 보완할 것이다.

참고문헌

Bader B, Yan J, Zhang X. Automated selection of r for the r largest order statistics approach with adjustment for sequential testing. Stat Comput 2017;27:1435–1451.

Boberg F, Christensen JH. Overestimation of Mediterranean summer temperature projections due to model deficiencies. Nat Clim Change 2012;2:433–436.

Cannon AJ, Sobie SR, Murdock TQ. Bias correction of GCM precipitation by quantile mapping: How well do methods preserve changes in quantiles and extremes? J Clim 2015;28:6938–6959.

__________. Multivariate bias correction of climate model output: matching marginal distributions and inter-variable dependence structure. J Clim 2016;29(19):7045–7064.

__________. Multivariate quantile mapping bias correction: an N-dimensional probability density function transform for climate model simulations of multiple variables. Clim Dyn 2018;50:31–49.

Chen J, Li C, Brissette FP, Chen H, Wang M, Essou GRC. Impacts of correcting the inter-variable correlation of climate model ouputs on hydrological modeling. J Hydrol 2018;560:326–341.

Christensen JH, Boberg F, Christensen OB, Lucas-Picher P. On the need for bias correction of regional climate change projections of temperature and precipitation. Geophys Res Let 2008;35:L20709.

Coles S. An Introduction to Statistical Modelling of Extreme Values. New York: Springer; 2001.

Engen-Skaugen T. Refinement of dynamically downscaled precipitation and temperature scenarios. Clim Change 2007;84:365–382.

François B, Vrac M, Cannon A J, Robin Y and Allard D 2020 Multivariate bias corrections of climate simulations: which benefits for which losses? Earth Syst. Dyn. 11 537–62.

Hempel S, Frieler K, Warszawski L, Schewe J, Piontek F. A trend-preserving bias correction–the ISI-MIP approach, Earth Syst Dyn 2013;4:219–236.

Hong, J., Agustin, W., Yoon, S., & Park, J. 2022. Changes of extreme precipitation in the Philippines, projected from the CMIP6 multi-model ensemble. Weather and Climate Extremes. 37:100480 DOI:10.1016/j.wace.2022.100480.

Li H, Sheffield J, Wood EF. Bias correction of monthly precipitation and temperature fields from Intergovernmental Panel on Climate Change AR4 models using equidistant quantile matching. J Geophy Res 2010;115:D10101.

Maraun D, Widmann M. Statistical downscaling and bias correction for climate research. Cambridge Univ Press; 2018.

__________, Shepherd T, Widman M, et al. Towards process informed bias correction of climate change simulations. Nat Clim Change 2017; :764–773.

Meyer J, Kohn I, Stahl K, Hakala K, et al. Effects of univariate and multivariate bias correction on hydrological impact projections in alpine catchments. Hydrol Earth Syst Sci 2019;23:1339–1354.

Robin Y, Vrac M, Naveau P, Yiou P. Multivariate stochastic bias correction with optimal transport. Hydrol Earth Syst Sci 2019;23:773–78.

Switanek MR, Troch PA, Castro CL, Leuprecht A, et al. Scaled distribution mapping: a bias correction method that preserves raw climate model projected changes. Hydro Earth Syst Sci 2015;21:2649–2666.

Volosciuk C, Maraun D, Vrac M, and Widman M(2017) A combined statistical bias correction and stochastic downscaling method for precipitation. Hydrol Earth Syst Sci 2017;21:1693–1719.

Vrac M, Friederichs. Multivariate-intervariable, spatial, and temporal-bias correction. J Clim 2015;28:218–237.

_______, Multivariate bias adjustment of high-dimensional climate simulations: the Rank Resampling for Distributions and Dependences (R^2D^2) bias correction. Hydrol Earth Syst Sci 2018;22:3175–3196.

Whan K, Zscheischler J, Jordan A I and Ziegel J F 2021 Novel multivariate quantile mapping methods for ensemble post-rocessing of medium-range forecasts. Weather Clim. Extremes, 32:100310.

CHAPTER 6

기후 시뮬레이션 모델의 앙상블 : 베이지안 모형 평균화와 분위수 매핑

제6장
기후 시뮬레이션 모델의 앙상블: 베이지안 모형 평균화와 분위수 매핑

6.1 시뮬레이션 모델의 가중평균

현재 미래 기상에 예측을 위하여 CMIP6 30여종이 개발되어 있다. 이러한 모형들이 기후예측을 잘 하는가, 즉 모형의 정확성과 불확실성에 대한 연구는 진행 중이다. 또한 하나의 시뮬레이션 모델의 결과보다는 여러 개의 결과를 통합 또는 평균하여 추론이나 예측을 하면 더 나은 결과를 얻을 수 있다. 특히 각 모델의 불확실성이 크거나 또는 어떤 경우 편차가 매우 크다면, 여러 개의 모델을 평균하는 이른바 앙상블 접근법이 더 안정적일 것이다. 즉 각 모델의 특이 반응에 덜 민감하고 이른바 robust한 결과를 얻는다는 뜻이다.

본 장에서는 모델 평균을 구하는 과정에 대해 알아본다. 특히 Zhu 등(2012)의 논문에 기반하여 베이지안 모델 평균(Bayesian model averaging; BMA)을 구하는 방법을 공부한다. BMA가 갖는 하나의 단점을 극복하는 방안을 일반화된 분위수 매핑(QM)을 이용하여 제시하고자 한다.

먼저 시뮬레이션 모델의 정확성 평가는 과거 기간에 대한 관측(또는 재해석) 자료와 시뮬레이션 모형으로부터 얻은 historical data와의 상대적 차이를 통하여 이루어질 것이다. 대상이 되는 기후 변수는 주로 강수강도이거나 또는 귀환수준일 것이다. 이제 $I_{hist}(m)$를 시뮬레이션 모델 m에서 얻은 historic run의 강수 강도(Intensity), I_{obs}는 관측(또는 재분석) 자료의 강수 강도라고 표기하면, 그 시뮬레이션 모델의 상대적 차이(relative difference)는 다음과 같이 정의된다.

$$d_m = \frac{|I_{hist}(m) - I_{obs}|}{I_{obs}} \times 100(\%),\ \ m = 1,2,\ldots,M.$$

여기서 M은 전체 시뮬레이션의 개수이다. 정확성 평가는 이외에도 다양한 방법이 가능할 것이다.

이렇게 계산된 정확도에 바탕하여 각 모델에게 가중치를 줄 수 있다. 상대적 차이가 작은 모델에게 높은 가중치를 주어서 모델들의 가중평균을 구하는 것이다. 모델 m의 가중치를 w_m이라고 표기하면, w_m은 예를 들어

$$w_m = \frac{1/d_m}{\sum_{m=1}^{M} 1/d_m}$$

처럼 줄 수가 있다. 그러면 w_m은 d_m이 작을수록 큰 값을 갖는다. 또한 w_m은 0과 1 사이에 존재하면서 $\sum_{m=1}^{M} w_m = 1$을 만족한다. 이외에도 다양한 방법으로 가중치를 줄 수 있다.

정확성 평가에 있어서 d_m처럼 단순한 차이만 보지 않고 $I_{hist}(m)$에 존재하는 어떤 불확실성(uncertainty)을 고려하는 평가 측도를 사용할 수 있다. 즉 모델의 출력이 갖는 기본적인 불확실성을 의미한다. 아울러 I_{obs}에 들어있는 불확실성도 고려하는데, 이는 관측 오차와 표본의 변동성을 포함한다. 이들은 통계학적으로 분산을 이용하여 정량화할 것이다. 나아가 시뮬레이션 모델들 간의 차이도 측정하여 각 모델 내의 불확실성에 비하여 그 크기가 얼마나 되는지 그 비율을 계산한다.

이렇게 상대적 차이와 불확실성에 바탕하여 모델에 가중치를 주고 가중평균을 구하는 하나의 방법으로 BMA가 있다. 이런 접근은 비단 시뮬레이션 모델뿐만 아니라 통계적 모형에도 있는 불확실성을 고려하고 하나의 선택된 모형을 사용하는 경우에 생길 수 있는 위험을 줄이려는 목적을 갖는다. 이러한 목적은 모형 평균에서 뿐만 아니라 자료의 통합적 사용 측면에서도 유용한데, 예를 들어 다음 절과 같은 지역빈도분석이 그것이다.

6.2 지역빈도분석

지역빈도분석(Regional frequency analysis; RFA)은 대상이 되는 지역과 그 주변 지역을 포함하여 표본 수를 늘린 통합 자료(Pooled data)를 이용하여 분석하는 방식으로, 분석 결과의 분산을 줄이고 강건성(robustness)을 향상시킬 수 있다.

다양한 RFA 방법이 가능하지만(예: Hosking and Wallis, 1997; 허준행, 2016), 본 장에서는 가장 간단한 경우를 소개한다. 이는 재분석 자료처럼 격자로 나눈 기후 자료를 분석하는데 사용된다. 즉, 그림 6.1과 같이, A라는 지점을 분석하려는 격자점(grid point)라고 하면, A에서의 귀환수준의 추정을 위해 주변 8개 격자점을 포함하여 총 9개의 격자점의 데이터를 모두 활용하는 방식이다.

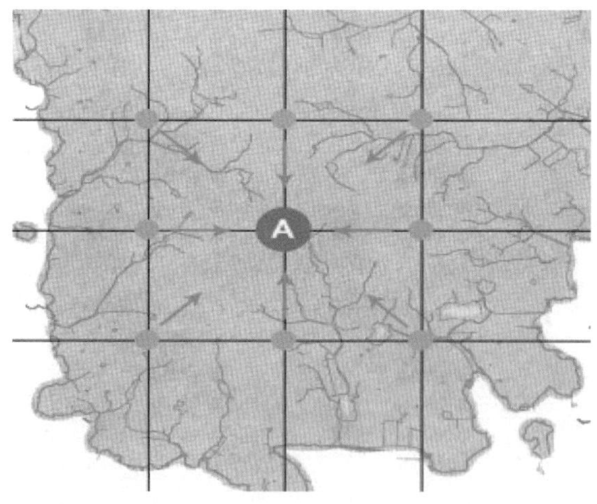

그림 6.1. 격자에 바탕하여 지역빈도분석을 하는 방식의 예 (Zhu 등(2012)에서 발췌).

예를 들어, 각 격자점에 30년 치의 자료가 있다고 하자. RFA를 적용하면 9개 격자점의 자료를 통합하므로 우리는 A 격자점을 분석하는 데 있어 270개의 자료를 사용하게 된다. 표본의 크기가 아홉 배로 늘어난 셈인데, 그만큼 분석의 표준오차가 줄어들게 된다.

격자 위에 주어지는 자료에 대해서는 위와 같은 RFA를 적용하\는 것이 바람직하다. 이는 자료의 지역적 변동성이나 어떤 의외의 오차를 줄여주는 역할을 할 것이다. 실제로 시뮬레이션 모델의 결과는 격자 위의 자료로 출력되므로, 상대적 차이 d_m을 구할 때도 격자점 위에서 계산하게 된다. 따라서 위에서 언급한대로 주변 8개 격자점을 포함하여 총 9개의 격자점의 데이터를 모두 활용하는 방식을 취함이 바람직하다.

6.3 베이지안 모형평균과 불확실성의 계량화

시뮬레이션 모델들에 BMA를 적용하기에 앞서 먼저 통계적 모형들에 대한 BMA를 알아보기로 하자. 여기서는 Hoeting 등(1999)과 Raftery 등(2005)의 논문에 바탕하여 기술하겠다. 주어진 표본을 D 라고 하고, 모형들을 M_k $(k=1,2....,K)$라고 표기한다. 또한 우리가 관심 있는 어떤 양을 Δ라고 쓰자. 여기서 Δ는 예를 들어 귀환수준이나 관측되지 않은 어떤 예측값 또는 효과의 크기 같은 것이다.

D가 주어진 상태에서의 Δ의 사후확률(posterior probability)은

$$\Pr(\Delta|D) = \frac{\Pr(\Delta, M_k)}{\Pr(D)}$$

$$= \frac{\sum_{k=1}^{K} \Pr(\Delta, D, M_k)}{\Pr(D)}$$

$$= \frac{\sum_{k=1}^{K} \Pr(D, M_k) \Pr(\Delta|D, M_k)}{\Pr(D)}$$

$$= \sum_{k=1}^{K} \Pr(M_k|D) \Pr(\Delta|D, M_k)$$

$$= \sum_{k=1}^{K} w_k \Pr(\Delta|D, M_k). \tag{6.1}$$

이것은 각 모형 M_k가 주어진 상황에서 사후확률 $\Pr(\Delta|D, M_k)$의 가중평균이다. 이때 가중치 w_k는 M_k의 사후확률 $\Pr(M_k|D)$이다.

이제 $w_k = \Pr(M_k|D)$는 다음과 같은 공식으로 구해진다.

$$\Pr(M_k|D) = \frac{\Pr(M_k, D)}{\sum_{k=1}^{K} \Pr(M_k, D)}$$

$$= \frac{\Pr(D|M_k) \Pr(M_k)}{\sum_{l=1}^{K} \Pr(D|M_l) \Pr(M_l)}. \tag{6.2}$$

여기서 $\Pr(M_k)$는 모델 M_k의 사전확률로서 보통 사용자에 의해서 주어지거나 $\Pr(M_k)=1/K$로 놓는다.

$\Pr(D|M_k)$는 M_k의 우도(likelihood)이다. 여기서 우도 $\Pr(D|M_k)$는 M_k 속에 들어있는 모수 θ_k가 주어진 상태에서의 자료의 확률로 정의된다. 이는 θ_k의 함수인데, 이미 관측된 자료가 나올 수 있는 가능성이 가장 큰 쪽으로 θ_k를 결정하게 된다. 그것이 최우추정치(MLE)가 된다. 우리는 $\Pr(D|M_k)$를 계산하기 위해서 어떤 확률분포를 가정하게 되는데, 보통 온도나 해수면은 정규분포를, 강수량은 감마분포를 가정할 수 있다. 또한 극한값의 분포로는 GEV 분포를 고려한다. 이런 분포에 바탕하여 θ_k의 최우추정치 $\hat{\theta}_k$을 구하기도 한다. 그때의 우도함수값으로 $\Pr(D|M_k)$를 대체하여 사용할 수 있다.

만약 우리가 모델을 평가할 수 있는 자료를 가지고 있다면, 그리하여 모델 M_k의 어떤 성능이나 정확성을 평가할 수 있다면, 그러한 평가 측도의 확률로 $\Pr(D|M_k)$를 근사시킬 수 있다. 예를 들어, 기후 시뮬레이션 모델에서처럼 historical data가 있을 때는 그것을 GEV 분포에 적합하여 구한 귀환수준과 관측치에서 구한 귀환수준을 비교하여, 그 차이가 작을수록 $\Pr(D|M_k)$ 값이 높아지게 확률함수를 잡는다. 예를 들어, Zhu 등(2012)은 다음과 같은 정규분포를 이용하여 $\Pr(D|M_k)$를 근사시켰다. 이때 $\sigma^2(T)$ 등을 구하기 위해 관측치(또는 재분석 자료)로부터, 그리고 모델 M_k의 historical data로부터 비모수적 붓스트랩을 이용하였다.

$$L_G(M_k, T) = \frac{1}{\sqrt{2\pi}\,\sigma(T)} \exp\left[- \frac{\frac{1}{N}\sum_{i=1}^{N}\left[I_i(T) - I_i^k(T) \right]^2}{2\sigma^2(T)} \right], \tag{6.3}$$

여기서 T는 귀환기간 T이며, $I_i(T)$는 i번째 붓스트랩 표본에서 구한 T-년 귀환수준이다. $i=1,\cdots,N$인데, N은 붓스트랩 표본들의 수이다. 또한 $I_i^k(T)$는 M_k의 historical data로부터 뽑은 i번째 붓스트랩 표본에서 구한 T-년 귀환수준이다. 그리고 $\sigma^2(T)$는 관측치의 붓스트랩 표본으로부터 구한 구환수준의 분산으로 다음 공식에 의해 구한다.

$$\sigma^2(T) = \frac{1}{N}\sum_{i=1}^{N}\left[I_i(T) - \overline{I}(T) \right]^2 .$$

여기서 $\overline{I}(T) = \frac{1}{N}\sum_{i=1}^{N} I_i(T)$이다. 만약 자료가 극한 자료이면 우리는 귀환수준을 구하는 과정에서 GEV 분포의 모수를 자료로부터 먼저 추정한 뒤, 그 추정치를 대입하여 귀환수준을 구한다. GEV 분포의 모수를 추정할 때 최우추정법을 쓸 수도 있지만, Zhu 등(2012)은 L-적률법을 사용하였다. L-적률법이 계산에서 간단하고 안정적이며, 소표본에 대해 성능이 양호하다고 알려져 있기 때문이다.

위 식 (6.3)에서 보면 관측치에서 구한 귀환수준과 historical data에서 구한 귀환수준이 비슷할수록 $\Pr(D|M_k)$이 커지게 된다. 그러면 식 (6.3)에 의해 모델 M_k의 가중치 $w_k = \Pr(M_k|D)$도 커지게 됨을 알 수 있다.

이런 과정을 거쳐 식 (6.3)에 의해 D가 주어진 상태에서의 Δ의 사후

확률을 구하게 된다. 이것은 일종의 PDF 형태로 구해지며 곡선의 보통 모양을 갖는다. 이것을 BMA predictive PDF라고 부른다. 이에 바탕하여 예측의 90% 예측구간(predictive interval)을 구할 수 있다. 이 점이 BMA의 장점 중의 하나라고 주장되고 있다.

본 절에서 기술한 BMA 방법은 기후 시뮬레이션 모델의 앙상블에 적용될 뿐만 아니라 기상청 현업에서 앙상블 일기 예보와 그것을 통한 확률적 예보에도 활용된다. 예를 들어, 기후 시뮬레이션에서 사용하는 식 (6.3) 대신에 모델 M_k의 일기 예보와 실제 관측의 차이를 비교하여 그 차이가 작을수록 $\Pr(D|M_k)$ 값이 높아지게 확률함수를 잡는다. 그 구체적 방법을 Raftery 등(2005)에서 찾아볼 수 있다.

한편 Δ의 사후확률 PDF 곡선 대신에 하나의 점추정치로써 Δ의 사후평균(posterior mean)을 다음과 같이 구할 수 있다.

$$E(\Delta \mid D) = \sum_{k=1}^{K} w_k \, E\left[(\Delta \mid D, M_k)\right], \qquad (6.4)$$

여기서 $E\left[(\Delta \mid D, M_k)\right]$는 모델 M_k에서 구한 Δ의 추정치이다. 실제 적용에서는, 모델 M_k에서 나온 미래 자료에 대해 일단 편의보정을 한 후에, 그 편의보정된 자료로부터 Δ의 추정치를 구한다.

또한 Δ의 사후분산(posterior variance)을 다음과 같이 구한다.

$$Var(\Delta \mid D) = \sum_{k=1}^{K} \left[E(\Delta|D, M_k) - E(\Delta|D)\right]^2 w_k + \sum_{k=1}^{K} Var\left[\Delta|D, M_k\right] w_k$$

여기서 $E(\Delta|D)$는 위 식 (6.4)에서 구한 사후평균 값이고, $Var[\Delta|D, M_k]$는 모델 M_k에서 구한 Δ의 분산을 말한다. 위 식의 우변의 첫 번째 부분은 모델 간(among-models)의 변동성을 뜻하고 두 번째 부분은 각 모델 내(within-models)의 불확실성의 합계를 뜻한다. 이들의 상대비를 다음과 같이 계산하여 어느 쪽의 불확실성이 큰지를 알 수 있다.

$$\gamma = \frac{\sum_{k=1}^{K}\left[E(\Delta|D, M_k) - E(\Delta|D)\right]^2 w_k}{\sum_{k=1}^{K} Var\left[\Delta|D, M_k\right] w_k}$$

따라서 $\gamma > 1$이면 모델 간의 불확실성이 더 큰 것이며, $\gamma < 1$이면 모델 내의 불확실성이 더 큼을 말한다. BMA는 앙상블 예측의 장점에 추가하여, 앞에서 언급한 예측 PDF를 이용한 예측구간을 구하는 것 뿐만 아니라 사후분산의 계산과 활용 측면에서 통계적 분석이 풍부해졌다고 말할 수 있다.

저자와 공동연구자들은 위에서 기술한 BMA 방법을 CMIP5 모델들에 적용하여 한반도에서의 극한 강수량에 대한 미래 예측을 실시하였다(Lee 등, 2020). 그러나 위에서 기술한 BMA 방법은 일부 모델에 대해서는 매우 높은 가중치를 주고 나머지 모델에 대해서는 너무 낮은 가중치를 주는 경향을 보였다. 이는 모델의 성능(performance)에만 의존하는 가중법 때문으로 판단된다. 이에 대해 저자와 공동연구자들은 편의 보정의 기법을 수정하여 이런 문제를 완화하려고 노력하였다(Shin 등, 2020). 그 결과를 다음 절에 소개한다.

한편 Knutti(2010) 및 Brunner 등(2019)은 모델의 성능뿐만 아니라 모델의 독립성(independence)도 함께 고려하는 가중치 산정을 제안하였다. 구체적인 내용은 생략한다. 저자와 공동연구자들은 이러한 성능과 독립성을 동시에 고려한 가중평균법을 CMIP6에 적용하여 필리핀의 미래 극한 강수량을 예측하고 불확실성을 추정하였다(Hong 등, 2022).

이 장에서 기술하는 내용의 일부분은 R 소프트웨어에서 'BMA' 및 'ensembleBMA' 패키지를 사용하여 구현할 수 있다. 그러나 저자와 공동연구자들은 상당부분을 직접 R 프로그램으로 코딩하여 연구를 진행하였다.

6.4 일반화 분위수 매핑을 사용한 BMA

위에서 기술한 BMA 방법은 일부 모델에 대해서는 매우 높은 가중치를 주고 나머지 모델에 대해서는 너무 낮은 가중치를 주는 경향을 보였다. 가중치의 분포가 너무 한쪽에 치우쳐있으면 앙상블은 하나의 최적 모델에 너무 의존하게 될 것이다. 이는 자칫 이상치나 특이 상황에 너무 민감한 결과를 가져올 수 있다. 결국 모델 평균의 원래 목적과도 부합하지 않는다. 따라서 가중치가 너무 한쪽에 몰리지 않게 조절하는 게 필요하다. 그렇게 조절하는 여러 방법이 가능할 것이다. 예를 들어 가중치 $\Pr(D|M_k)$을 계산하는 식을 변경한다거나 Knuttti 등(2017)의 성능과

독립성을 동시에 고려한 가중법을 사용할 수 있겠다. 저자와 공동연구자들은 앞으로 기술할 일반화 분위수 매핑법을 고안하였다.

분위수 매핑(QM)은 간단하고 널리 사용되는 편의보정 방법이다. 분위사상법은 관측자료와 과거 모의자료의 누적 분포함수(cdf)를 통해 서로 다른 분위수들을 개별적으로 일치시키는 방법이다. 이를 위해 먼저, 과거 참고 기간의 모든 모의실험 자룟값($x_{h,i}$)과 관측값들($x_{obs,i}$)로부터 그에 대응하는 누적 분포함수 F_h와 F_o를 추정한다. 그런 뒤, 이들을 이용해 미래에 대한 모의실험 값($x_{f,i}$)을 다음과 같이 편의보정한다.

$$\hat{x}_f = F_{obs}^{-1}(F_h(x_f)). \tag{6.5}$$

분위수 매핑은 일반적으로 시뮬레이션 자료에 대한 신뢰도가 높을 때 사용된다. 누적분포함수(CDF)를 추정하는 방법은 연구자 또는 다루는 변수에 따라 달라질 수 있다. 예를 들면 일반적인 방법으로 선형보간법을 이용한 경험적인 누적분포함수(empirical CDF)를 사용하거나, 변수가 온도일 경우에는 정규분포, 강수량 변수에 대해서는 감마분포, 극단자료의 경우 GEV 분포를 사용한다.

6.4.1 α-편의보정 방법

우리의 제안 방법인 α-보정을 위해 먼저 과거기간 모형 자료의 누적분포함수(F_{obs})와 관측자료의 누적분포함수 사이에 표현되는 새로운 누적 확률분포를 생성한다. 새로운 누적분포함수는 $\alpha(0 \le \alpha \le 1)$에 대해서 F_{obs}와 $F_h^{(k)}$의 선형조합으로 정의한다.

$$F_\alpha^{(k)} = \alpha F_{obs} + (1-\alpha)F_h^{(k)}, \tag{6.6}$$

여기서 $F_h^{(k)}$는 k=1,⋯,K에 대해 k번째 모형의 과거 모의자료에 대한 누적분포함수이다. 만약 $\alpha=1$이면, $F_\alpha = F_{obs}$이므로 분위수 매핑이 되고, $\alpha=0$이면, $F_\alpha = F_h$이므로 편의보정을 적용하지 않는 것이 된다(여기서부터 α를 "보정률"이라고 표현한다).

이 새로운 CDF에 바탕하여 α-보정된 x_h값은 다음과 같이 표현할 수 있다.

$$\hat{x}_h^{(k)}(\alpha) = F_\alpha^{(k)^{-1}}(F_h^{(k)}(x_h)). \tag{6.7}$$

$\alpha=0.4$와 0.7에 대한 α-보정을 그림 6.2에서 표현하고 있다.

6.4.2 보정률 α와 베이지안 모형 평균

보정율 α가 1에 가까워짐에 따라, 식 (6.2)에서 계산한 BMA 가중값은 모든 모형에 대해 동일한 가중값(equal weights)이 된다. $\alpha=0$일 때는, 어떠한 편의보정도 적용되지 않은 BMA 가중값이 얻어진다. 그림 6.3를 보면 알 수 있듯, 후자의 경우에는 일부 모형만이 매우 높은 가중값을 가지고 나머지 가중치들은 매우 낮은 값을 갖게 되는 경우가 흔하게 발생한다.

이러한 두 가지 경우의 중간에 해당하는 가중값을 얻기 위해 α-보정을 사용할 수 있다. 그림 6.3에서의 α=0.4 및 0.7일 때의 보정을 살펴보면, 0.4-보정 가중값은 기존(α=0) BMA로부터 얻은 가중치의 패턴과 비슷하지만, 0.7-보정 가중값은 동일 가중치에 더 가깝게 변화한 것을 알 수 있다. α-보정법을 이용한 BMA 가중값을 산출할 때 주의해야 할 점은, 미래 모의자료에는 α-보정법을 사용하지 않고, 과거 모의자료와 관측자료를 BMA 가중값을 산출할 때에만 α-보정법을 사용한다는 것이다. 미래 자료에 바탕하여 어떤 예측값을 구하려는 경우에는 α-보정법 기존의 분위수 매핑(또는 다른 종류의 편의보정법)을 그대로 사용한다.

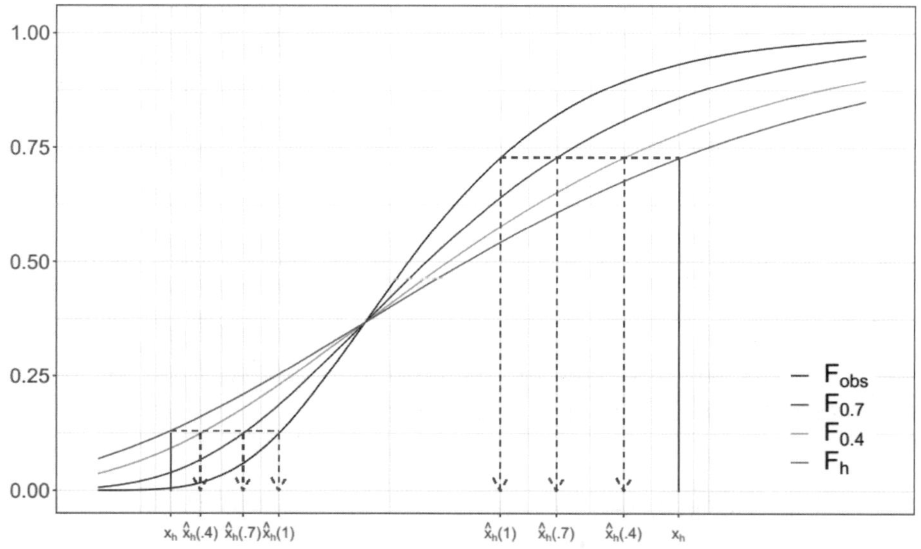

그림 6.2. α-보정을 나타내는 그림. 관측자료의 누적분포함수(검은색 선, F_{obs})와 기후모형의 historical data의 누적분포함수(붉은색선, F_h) 사이를 지나는 곡선(파란색과 초록색)이 α-편향보정된 자료의 누적분포함수이다.

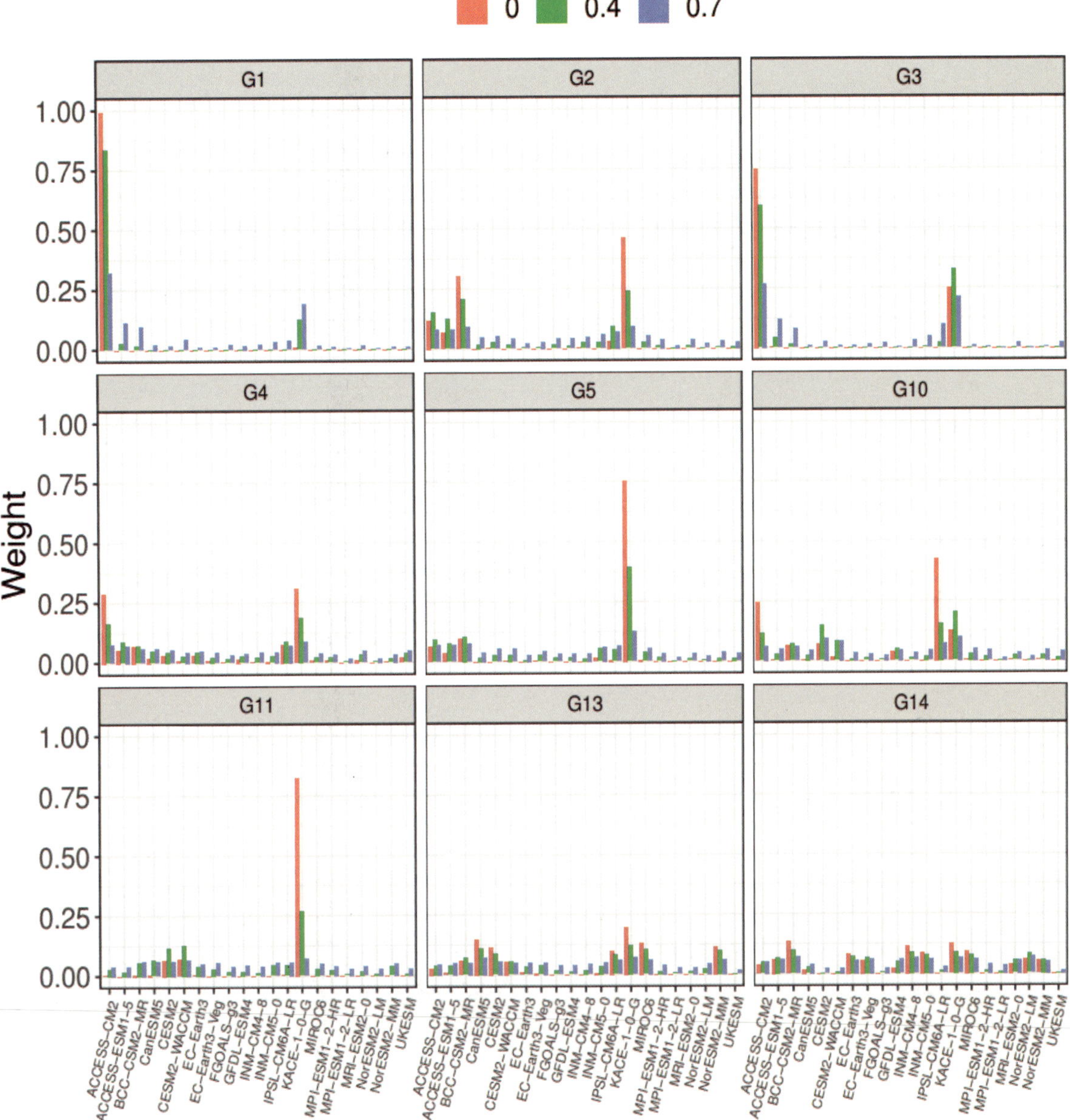

그림 6.3. 보정률 α 값에 따른 BMA 가중값의 막대 도표. $\alpha = 0$일 때는, 본래의 BMA 가중값이고 $\alpha = 0.4$ 및 0.7일 때는 α-보정법을 이용하여 BMA 가중값을 산출한 결과이다.

α-보정법을 이용하는 경우 BMA 가중값은 다음과 같이 구한다. $M_k(\alpha)$를 k번째 모델의 α-보정된 과거 모의자료라고 하면, 가우시안 우도(Gaussian likelihood)식은 α에 관한 식으로 변경될 수 있다. $L(M_k(\alpha), T)$는 식 (6.3)과 거의 같은데, 다만 $I_i^k(T)$가 $M_k(\alpha)$로부터의 i번째 부트스트랩 표본에서 구해지는 귀환수준 $I_i^k(\alpha, T)$로 대체되는 점이 다르다.

주어진 관측값 R에 대해서 $M_k(\alpha)$의 사후 확률은 다음과 같이 표현된다.

$$p(M_k(\alpha) \mid D) = \frac{p(D \mid M_k(\alpha))p(M_k(\alpha))}{\sum_{l=1}^{K} p(D \mid M_l(\alpha))p(M_l(\alpha))}, \quad (6.8)$$

여기서 사전확률 $p(M_k(\alpha))$를 모두 같게 가정하면 α-보정 가중값 $w_k(\alpha)$는 다음과 같다.

$$w_k(\alpha) = p(M_k(\alpha) \mid D) = \frac{L(M_k(\alpha))}{\sum_{l=1}^{K} L(M_l(\alpha))}, \quad (6.9)$$

미래의 T-년(예를 들어, 20년) 귀환수준($\hat{r}_{20}^{E}$)의 앙상블에 의한 평균 예측치는 다음과 같이 계산된다.

$$\hat{r}_{20}^{E}(\alpha) = \sum_{k=1}^{K} w_k(\alpha)\hat{r}_{20}^{(k)}, \quad (6.10)$$

여기서 $\hat{r}_{20}^{(k)}$는 k-번째 모델의 편의보정된 미래자료($\hat{x}_f^{(k)}$)에 대해 일반화 극단분포를 적용하여 추정된 20년 귀환수준이다.

사후분산 등 여러 가지 추후적인 분석은 일반적인 BMA와 같게 진행된다. 위와 같은 제안에서 보정률 α를 무엇으로 잡느냐가 중요한 문제이다. α를 어떻게 잘 잡을 것인가 하는 방법과 그에 따른 변화에 대해서는 여기서 더 이상 다루지 않는다. Shin 등(2020)을 참조하기 바란다.

그림 6.4 한반도의 최대강수량 자료에 적용하여 얻은 다양한 BMA 가중치의 분포이다. α-분위수 매핑을 통한 가중 방법을 사용함으로써, BMA 방법을 사용해서 얻은 2개 모형의 가장 큰 값의 가중값이 많이 감소하였고, 나머지 다른 모형들(특히 가중값이 작았던 모형들)의 가중값은 많이 증가하였음을 알 수 있다.

본 장에서 제안한 α-보정법을 이용한 가중평균 방법은 보통의 BMA 접근법에서 흔하게 발생하는 "오직 몇 개의 모형만이 매우 높은 가중치를 갖고, 나머지 대다수 모형은 매우 낮은 가중치를 갖는 상황"을 예방한다. 이것은 BMA 가중값과 단순평균 사이의 균형 잡힌 "sweet spot"을 찾는 것으로 해석할 수 있다. 실세 자료의 분석(Shin 등, 2020)을 통해 얻은 결과와 선택된 α들은 변수, 지역, 기후모형 자료에 강하게 의존하지만, 제안된 α-보정법과 α-가중값을 이용한 BMA 방법은 기존의 BMA 또는 앙상블 방법들을 더 유연하게 결합할 수 있는 방법이라 하겠다.

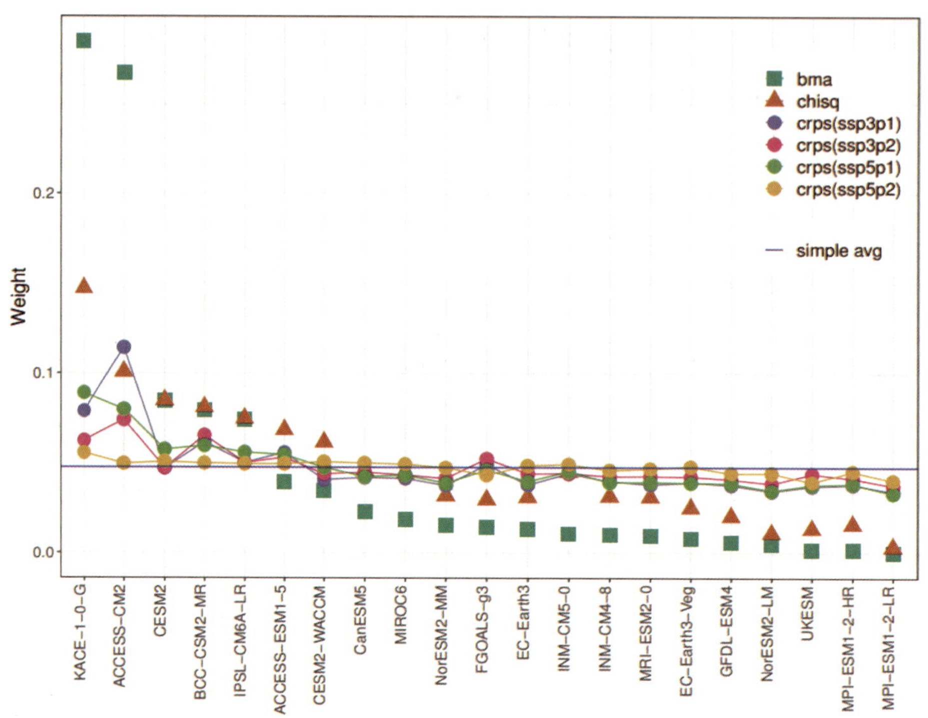

그림 6.4. BMA를 포함하여 다양한 α-분위수 매핑에 따라 얻은 21개 모형의 가중값. Shin 등(2002)에서 발췌함.

Brunner, L.; Lorenz, R.; Zumwald, M.; Knutti, R. Quantifying uncertainty in European climate projections using combined performance-in dependence weighting. Environ. Res. Lett. 2019, 14, 124010.

Fraley C, Raftery AE, Sloughter JM, Gneiting T(2022). Package 'ensembleBMA': Probabilistic Forecasting using Ensembles and Bayesian Model Averaging. https://stat.uw.edu/sites/default/files/file s/reports/2007/tr516.pdf.

Hoeting, J. A., D. M. Madigan, A. E. Raftery, and C. T. Volinsky, 1999: Bayesian model averaging: A tutorial. Statistical Science, 14, 382–401. www.stat.washington.edu/www/research/online/hoeting1999.pdf.

Hong J, Agustin W, Yoon S, Park JS(2022) Changes of extreme precipitation in the Philippines, projected from the CMIP6 multi-model ensemble, Weather and Climate Extremes, 37:10048 https://doi.org/10.1016/j.wace.2022.100480.

Knutti, R.; Sedlacek, J.; Sanderson, B.M.; Lorenz, R. et al. A climate model projection weighting scheme accounting for performance and independence. Geophys. Res. Lett. 2017, 44, 1909–1918.

Lee, Y.; Shin, Y.G.; Park, J.S.; Boo, K.O. Future projections and uncertainty assessment of precipitation extremes in the Korean peninsula from the CMIP5 ensemble. Atmos. Sci. Lett. 2020, e954.

Maraun, D.; Widmann, M. Statistical Downscaling and Bias Correction for Climate Research; Cambridge University Press: Cambridge, UK, 2018.

Raftery AE, Gneiting T, Balabdaoui, Polakowsky M(2005). Using Bayesian model averaging to calibrate forecast ensembles, Monthly Weather Rev. 133:1155-1174.

Shin Y, Lee Y, Park J-S(2020) A Weighting Scheme in A Multi-Model Ensemble for Bias-Corrected Climate Simulation. Atmosphere. 11(8):775. https://doi.org/10.3390/atmos11080775.

Zhu, J.; Forsee, W.; Schumer, R.; Gautam, M. Future projections and uncertainty assessment of extreme rainfall intensity in the United States from an ensemble of climate models. Clim. Chang. 2013, 118, 469-485.

찾아보기

찾아보기

박정수

1981년 전남대학교 수학교육과 졸업
1983년 서울대학교 대학원 계산통계학과 졸업
1991년 미국 일리노이대학교 통계학 박사
1992년 전남대학교 통계학과 교수 임용

전공분야 : 전산 실험의 계획과 분석, 수문통계학, 기상통계학

약 력 : 기상청 방문교수, 한국통계학회논문집 편집위원장,
전남대학교 자연대 학술상, 한국통계학회 학술진흥상

극단 모형을 이용한 **기후변화 통계론**

2023년 2월 24일 인쇄
2023년 2월 28일 발행

저자 | 박정수
발행인 | 정성택

발행처 | 전남대학교출판문화원
주소 | 61186 광주광역시 북구 용봉로 77
전화 | (062) 530-0571~3 팩스 | (062) 530-0579
등록 | 1981. 5. 21. 제53호
홈페이지 | http://www.cnup.co.kr
이메일 | cnup0571@hanmail.net

가격 16,000 원

ISBN 978-89-6849-967-8 (93310)